高等院校21世纪课程教材

大学物理实验系列

大学物理实验

主编◎张永春　付　翔　王玉杰

编委◎（按姓氏笔画排序）

王玉杰　付　翔　冯明春　江锡顺

李　杰　杨　癸　张　臻　张永春

北京师范大学出版集团
BEIJING NORMAL UNIVERSITY PUBLISHING GROUP

安徽大学出版社

图书在版编目(CIP)数据

大学物理实验/张永春,付翔,王玉杰主编. —合肥:安徽大学出版社,2022.12

高等院校 21 世纪课程教材.大学物理实验系列

ISBN 978-7-5664-2549-2

Ⅰ.①大… Ⅱ.①张… ②付…③王…Ⅲ.①物理学－实验－高等学校－教材 Ⅳ.①O4－33

中国版本图书馆 CIP 数据核字(2022)第 248721 号

大学物理实验

张永春 付 翔 王玉杰 主编

出版发行:北京师范大学出版集团
安 徽 大 学 出 版 社
(安徽省合肥市肥西路 3 号 邮编 230039)
www.bnupg.com
www.ahupress.com.cn
印 刷:合肥远东印务有限责任公司
经 销:全国新华书店
开 本:710 mm×1010 mm 1/16
印 张:16.75
字 数:248 千字
版 次:2022 年 12 月第 1 版
印 次:2022 年 12 月第 1 次印刷
定 价:49.00 元
ISBN 978-7-5664-2549-2

策划编辑:刘中飞 武溪溪 装帧设计:李 军
责任编辑:武溪溪 美术编辑:李 军
责任校对:陈玉婷 责任印制:赵明炎

前　言

　　大学物理实验是高等院校理工科专业对学生进行科学实验基本训练的必修基础课程,是本科生接受系统实验方法和实验技能训练的开端。它在培养学生严谨的治学态度、活跃的创新意识、理论联系实际和适应科技发展的综合应用能力等方面具有其他实践类课程不可替代的作用。学生通过对本课程的学习,不仅可以加深对物理理论的理解,同时还能获得基本的实验知识,掌握一定的实验方法和技能,提高创新思维能力,为进一步学习后续课程打好基础。

　　本书是按照《非物理类理工学科大学物理实验课程教学基本要求》,根据地方性、应用型和高水平人才培养目标,结合滁州学院大学物理实验课程建设和教学改革实践以及实验室仪器设备情况,总结多年来大学物理实验课程的教学经验,在不断完善与反复实践后自编的大学物理实验指导书的基础上编写而成的。

　　本书共七章,前三章介绍大学物理实验的基础理论及相关知识,主要包括误差理论、数据测量、数据处理、实验仪器的相关知识及使用方法等内容;后四章编入力学、热学、电磁学、光学以及近代物理学的实验 30 个。这些实验既包括基础性物理实验,也包括综合性、设计性物理实验。通过基础性物理实验项目的训练,使学生了解测量误差与不确定度的基本概念,学会处理实验数据的一些常用方法,了解常用的物理实验方法,并逐步掌握基本物理量的测量方法和基本实验仪器的使用方法,了解物理学史料和物理实验在现代科学技术中的应用。同时,通过综合性、设计性物理实验项目的训练,提高学生对实验方法和实验技术的综合运用能力,培养学生独立实验的能力,提升分析与研究问题的能力、理论联系实际的能力和创新能力,使学生了解科学实验的全过程,逐步掌握科学思想和科学方法。

张永春、付翔、王玉杰担任本书主编,负责组织编写与统稿工作;参与编写工作的有杨癸、江锡顺、冯明春、李杰、张臻等。本书在编写过程中得到了滁州学院机械与电气工程学院领导的大力支持和帮助,同时,在本书编写过程中还参考和借鉴了一些兄弟院校的相关教材和实验讲义,在此一并致谢。

由于编者水平有限,书中难免存在不妥之处,恳请专家、读者批评指正,以便修订完善。

编者

2022 年 8 月

目录 CONTENTS

第一章

绪 论

大学物理实验作为理工科专业必修的重要专业基础课之一,是学生在大学阶段用科学实验方法探索科学问题的重要开端。大学物理实验着重培养与提高学生的科学实验能力,即让学生通过实验测量和分析,掌握基本的物理实验知识,加强对基本物理原理和规律的理解。大学物理实验也是培养学生综合分析和解决问题的能力、创新意识和创新能力、动手能力和团队协作能力等综合素质的重要手段。本课程主要包括力学、热学、电磁学、光学以及近代物理等实验内容。

1.1 大学物理实验的教学目标

实验是人类开展科学研究最直接的方法之一,在科学研究发展史中,人类通常借助实验去认识并发现自然性质和自然规律。物理学本质上是一门实验科学,物理学中新理论的建立和新规律的发现都要依靠实验来检验。物理实验是自然科学实验的重要组成部分,它体现了大多数自然科学实验的共同特征,其实验思想、实验方法以及实验仪器和技术等是各自然学科科学实验的基础。

大学物理实验是高校理工科专业一门重要的必修基础实验课程,是学生接受系统的科学实验基本技能训练和基本素质培养的开端,是培养学生科学实验能力和实事求是科学素质的重要基础;同时,大学物理实验在培养学生严谨的科学态度、理论联系实际的能力、塑造辩证唯物主义世界观等方面都起到重要的作用,为学生后续课程学习和以后工作奠定良好的实验基础。

本课程的主要教学目标如下：

(1)学习基本实验理论、典型的实验方法及物理思想。通过实验操作、实验分析和实验探究,掌握基本的物理实验方法和实验技能;同时,运用理论知识,对实验现象、故障和测量结果进行初步分析、预测和判断。

掌握基本物理量和物性参数(如质量、长度、时间、电流、电压、电阻、磁感应强度、温度、比热容、频率、液体表面张力系数和弹性模量等)的测量方法以及典型的实验方法和物理思想(如比较法、转换法、放大法、模拟法、补偿法和干涉法等),有助于开阔思路,激发探索和创新能力。

(2)掌握常见实验仪器的性能和操作方法。借助实验教材和设备说明书,掌握常见实验装置(如长度测量仪器、计时仪器、测温仪器、变阻器、电表、电桥、分光仪、电源和光源等)的性能、操作规范、注意事项和调节方法(如零位调节、水平/铅直调节、光路调节、电路故障检查与排除等),是做好物理实验的基础和前提,有助于培养与提高学生的科学实验能力。

(3)掌握数据处理和误差分析的方法。学会利用计算机软件正确处理实验数据(如列表法、作图法和最小二乘法等),掌握测量误差的基本理论和处理方法,学会利用不确定度对直(间)接测量结果进行分析和表达,学会撰写符合要求的实验报告,培养学生自主设计精确实验方案的能力。

(4)培养基本科学素养。通过对大学物理实验课程的学习,培养学生认真严谨的科学态度、坚韧不拔的探索精神、团结协作的团队精神和遵守实验室规则的纪律意识。同时,通过学习,逐步培养学生的科学思维和创新意识,养成爱护实验设备的良好品质。

1.2　大学物理实验教学要求

大学物理实验是指学生在教师指导下独立自主进行实验测量、数据处理和分析的一种科学实践活动,开设大学物理实验课程的最根本目的在于培养学生对实验仪器的操作能力、实验调节与故障排查能力以及对测量数据的处理与误差分析能力。为了最大化提高学生的自主实验能力,需要学生投入足够的时间和精力。学好大学物理实验的关键在于认真做好实验课前预习、课中操作和课后总结。

1. 课前预习

每个实验项目都限定了实验时间,要想在规定的时间内高质量地完成实验任务并获得较高精确度的实验测量结果,必须在实验之前做好充分的预习。预习时,以理解为主,弄清楚具体的实验原理和实验内容,了解实验仪器和实验方法。预习主要包括认真阅读实验教材和查询相关资料。通过预习,了解实验目的,掌握实验原理,初步掌握实验仪器的操作和调节方法以及注意事项;通过预习,学生需要完成实验方案的设计工作,在做好充足的实验准备基础上,还要完成预习报告和预习思考题。预习报告一般包括以下几个方面内容:

(1)实验名称。

(2)实验目的(即实验应达到的基本要求)。

(3)主要实验仪器和设备。应重点关注和了解所使用的实验仪器和设备的性能、操作规范、调节方法以及操作注意事项。

(4)实验原理。在理解的基础上,简要地阐述实验原理和测量条件,写出本实验的理论公式,并明确公式中各字母对应的物理含义和单位。了解公式中的待测量哪些是直接测量量,哪些是间接测量量,并了解它们的测量方法。对于间接测量量,要了解如何通过直接测量量计算得到间接测量量的值。通过预习,对于一些实验项目,学生还要做到能够自主设计电路图、光路图等实验原理图。

(5)实验步骤(即实验的具体操作过程)。

(6)数据记录表格。根据实验要求,梳理出需要直接测量的物理量,并设计出实验数据记录表格。

上课前,指导教师检查每位同学的预习报告并提问实验预习思考题,根据预习报告和学生的回答情况,给出相应的实验预习成绩。

2. 课中操作

学生进入实验室前,必须详细了解并严格遵守实验室的各项规章制度。进入实验室后,结合实验室提供的仪器设备说明书,利用实验教材再次快速预习实验内容,重点是进一步熟悉仪器的结构原理和操作方法。在教师宣布开始实验操作之前,不得对仪器设备进行任何操作。

实验课上,指导教师首先会进行必要的实验内容讲解,并告知实验的操作规范以及注意事项;然后指导学生熟悉并调试好仪器,一切准备就绪后,开始实验。实验过程中,学生要学会自主分析测量数据和排查仪器故障,必要时请教指导教师。学生应实事求是地正确记录实验测量数据,注意有效数字的位数和单位,测量结束后检查数据是否记录完整。

实验数据记录必须经指导教师审核,不符合要求的要及时改正或补测,必要时学生需要重做或补做实验。结合学生的实验操作过程及实验数据记录情况,指导教师给出学生实验操作成绩。实验结束后,学生应整理好实验设备,待指导教师检查通过后方可离开实验室。

3. 课后总结

实验结束后,学生应及时进行数据处理和误差分析,对实验进行全面分析与总结,完成实验报告的撰写工作。结合自己的实际实验操作,评判是否已达到实验要求,是否掌握实验原理及实验方法,实验操作是否规范;同时,针对实验过程中遇到的现象、问题和实验仪器产生的故障,从理论上进行分析,判断实验结果是否与理论相一致;结合实际实验条件,思考操作过程中是否能够尽可能减小测量误差,测量误差是否在合理范围内,是否可以提出更加合理优化的实验步骤或实验方法。

1.3 大学物理实验报告撰写

实验报告是对实验过程进行较为全面的书面总结,融合实验原理、设计思想、实验方法及相关的理论知识,对实验测量数据进行科学的计算、分析、判断、归纳与综合。如实、客观地把实验的全过程和实验结果用图表、文字的形式记录下来,锻炼学生独立进行实验和科学探究的能力,培养学生自主设计实验和实验分析的基本能力,为科学探究与论文撰写打下基础。因此,学生要认真按实验要求独立撰写实验报告,要做到字迹工整,态度端正,内容翔实,且具有一定的逻辑性,图表正确,数据处理有理有据,测量误差计算正确,误差分析合理,结论明确。

实验报告要及时提交给指导教师进行批阅。对实验报告不符合规范和要求的应当重写。实验报告在预习报告的基础上还需着重阐述以下内容:

(1)数据记录与处理。对原始数据作进一步整理,便于后续的数据处理与分析,同时将原始数据记录粘贴在实验报告上,便于指导教师批阅时核对数据;结合实验原理、实验操作过程和误差理论,根据要求对测量数据进行处理,实验数据处理要有条理,计算方法要正确,计算过程要有必要的文字说明,注意单位的统一和有效数字的保留,要能明确展示出结果。

(2)误差分析与讨论。首先,应当从理论上分析实验中观察到的异常现象问题和实验仪器产生的故障,分析讨论故障排除方法。其次,结合误差处理结果,对主要的实验误差作详细分析与讨论,尤其对于误差计算结果较大的情况下,应重点分析原因,对误差作出合理解释。最后,结合误差分析与讨论,对实验过程或实验方法提出合理建议与改进措施。本部分主要看重的不是实验结果的优劣,而是学生对实验过程和实验设计的全面认识和总结能力、对实验结果的综合分析与判断能力。

1.4　实验室学生守则

(1)严格遵守实验室的规章制度,在规定时间进入实验室,并在规定时限内完成实验任务。严禁无故迟到、早退和旷课。

(2)严格遵守课堂纪律,不准大声喧哗、嬉闹,不得随意走动。严禁在实验室内从事与实验无关的行为,如吸烟、进食等。未经指导教师许可,不得动用仪器设备和实验材料。

(3)实验课前,学生必须认真预习实验内容,明确实验目的和要求,理解实验原理,了解实验方法和步骤。实验课上,学生应认真聆听指导教师的讲解,尤其要做到能够熟练掌握实验原理、实验步骤、仪器设备性能、操作方法和注意事项。实验操作前,学生应先清点仪器设备和实验材料,如有缺少或损坏,应立即报告指导教师。

(4)注意用电安全。严禁用湿手、湿布接触电源开关和用电器具。通电前,必须认真检查电器设备线路连接是否正确。实验结束后,必须在切断电源的情况下拆卸实验设备。在实验中若发生意外事故,不要惊慌,在采取必要应对措施的同时,立即报告指导教师和实验室管理人员。

(5)严防事故,确保人身及实验室财产安全。实验过程中如发现仪器设备出现异常气味、打火、冒烟、发热、响声、振动等异常现象,应立即向指导教师报告,并按实验室相关规定采取必要措施。

(6)实验中要严格执行操作规程,仔细观察实验现象,实事求是地认真做好实验记录。操作结束后,将数据记录本交给指导教师检查,符合要求者,指导教师签字通过;不合格或缺课的学生需分类标记。需要重做、补做实验的学生应自行与指导教师和实验室管理人员联系,确定重做、补做实验的时间。

(7)爱护仪器设备,节约用电,严禁浪费实验材料。发生仪器或公物损坏时,应及时报告指导教师。凡是不按操作规程造成损坏的,由当事人按相关规定进行赔偿。实验仪器和材料未经指导教师许可,不得带出实验室。

(8)实验结束,在指导教师和实验室管理人员的指导下,整理好实验器材,放回原位,妥善处理废物,并认真做好实验台和实验室的清洁工作,经指导教师允许后才能离开实验室。

第二章

误差理论及数据处理基础

2.1 误差及其处理

2.1.1 误差和误差的表示方法

测量的目的是希望得到待测物体的真值,真值是指待测物体在一定物理条件下客观所具有的量值。然而,受测量工具、测量方法、测量环境以及测量者等因素的影响,实验中并不能得到待测物体的真值,所以它是一个无法得到的理想值。为表征测量值和真值之间的差异,特引入误差的概念,即待测物体的测量值与真值之间的差异。随着科技的发展,对测量仪器、测量方法、测量环境和测量者素质等因素的改善,可有效减少测量误差,但是误差却一直存在,不可能降为零。为评估测量值的可靠性,需引入对测量值误差的评定,从某种程度上而言,没有误差评定的测量值是没有物理意义的。

误差的表现形式分为绝对误差和相对误差。设某物理量的真值为 A,测量值为 x,将测量值和真值的数值之差称为绝对误差 δ,即

$$\delta = x - A \tag{2-1-1}$$

在实际操作中,仅靠绝对误差并不能全面衡量测量值的可靠性。例如,测量两种不同物体的长度,用分度值为 1 mm 的直尺测量出物体 M 的长度为 51.4 mm,绝对误差 $\delta = 0.2$ mm,而使用分度值为 0.01 mm 的螺旋测微器测量另一物体 N 的长度为 0.235 mm,绝对误差 $\delta = 0.005$ mm。从绝对误差角度而言,0.2 mm 远大于 0.005 mm,前者的测量精度要比后者低很多,而实际上却相反。因为物体 M 的绝对误差 0.2 mm 对于 51.4 mm 这个总长度而言,仅占 0.4%;

而对于物体 N 来说,相应的绝对误差 0.005 mm 却占总长度 0.235 mm 的 2%。为避免绝对误差带来的这种误解,特引入相对误差的概念。

相对误差 E 为绝对误差 δ 与被测量物体量的最佳估计值 $\bar{x}$ 的比值,即

$$E = \frac{\delta}{\bar{x}} \times 100\% \qquad (2\text{-}1\text{-}2)$$

2.1.2 误差的分类

根据误差产生的原因和误差的特征,可将误差分为系统误差和随机误差(又称偶然误差)。

1. 系统误差

在相同的操作步骤、测量仪器和物理环境下对同一待测物体进行数次测量时,误差的大小和正负保持恒定或按一定的规律变化,这种误差称为系统误差。系统误差的最大特点是其具有确定的规律性。系统误差在实验中不可避免,根据对系统误差的掌握程度可分为已定系统误差和未定系统误差两类。可以准确测量或计算出大小的系统误差称为可定系统误差;反之,不能确切计算出的系统误差称为未定系统误差。可定系统误差一般根据修正公式在测量结果中进行修正,而未定系统误差一般只能估测其取值范围。例如,电压表出厂时的最大允许误差(简称仪器误差)用符号 $\Delta_{仪}$ 表示,该电压表误差的大小在使用中并不能被确定。

产生系统误差的原因及处理方法有:

(1)仪器误差(又称工具误差)是由于仪器本身具有缺陷或仪器安装调整不到位等原因引起的误差,具体分为仪器的示值误差、零值误差、基值误差、固有误差和附件误差等。比如游标卡尺的零点不准、杨氏模量测试仪的水平偏心、移测显微镜的回程误差、因测量仪器安装调整不当而产生的误差(如未做好磁电的屏蔽和良好的接地处理)等。

处理方法:对仪器进行不断的升级改造,提升仪器精度;实验中使用仪器时,注意对仪器进行保护和维护,保证仪器的良好使用;严格按照实验相关要求对仪器进行安装调整,尽量减少由此带来的系

统误差。

(2)由于测量所依据的理论本身具有一定的近似性,同时存在实验方法不完善、实验条件达不到理论公式的完整要求等情况,因此,在测量结果中引入了误差。例如,在推导单摆实验理论公式时引入了 $\sin\theta \approx \theta$,摆幅角 θ 越接近 0,引入的系统误差越小;当 θ 为 5°时,引入的误差约为 0.05%。因此,为了控制实验误差,规定在单摆实验中摆幅角 θ 不得超过 5°。

处理方法:对实验原理进行深入分析,了解理论上的不足,从理论上提出修正办法,或者在实验中严格控制相关物理参数,争取使由此引入的系统误差降到最小。

(3)由实验人员和环境因素引起的误差。①因人而异的操作引起的误差。例如,使用秒表计时时,由于人的反应能力不同,会使计时结果比真值偏小或偏大。②由环境(如温度、气压、重力场等)变化引入的误差。如在固体比热容实验中,在投入金属块前后测量时,水的能量由于与外界发生了交流,温度发生改变,导致被测物体数据出现误差。

处理方法:提升实验人员的理论水平和操作能力,改善实验的物理环境,降低系统误差。

2. 随机误差

在相同实验条件下,对同一物理量的多次测量过程中,误差的大小和符号不可预知,没有确定规律,但随着测量次数的增多,误差的分布服从一定的统计规律,这种误差称为随机误差,又称偶然误差。随机误差具有单次随机性,总体上满足统计规律的特点。因此,在相同实验条件下,通过增加测量次数可得出随机误差的统计规律,并可依据该规律讨论测量结果的意义。

随机误差的特点是总体上服从统计规律,最常见的一种统计规律就是正态分布,又称高斯分布。如图 2-1-1 所示,横坐标代表随机误差,纵坐标是随机误差出现的概率密度函数。图中 δ 为测量值的误差,$f(\delta)$ 是指用概率密度函数表示误差值出现的概率。该正态分布可用公式描述为

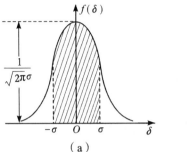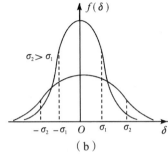

（a）　　　　　　　　　　　（b）

图 2-1-1　高斯误差分布

$$f(\delta) = \frac{1}{\sigma\sqrt{2\pi}}e^{\frac{-\delta^2}{2\sigma^2}} \tag{2-1-3}$$

式(2-1-3)中，σ 称为标准误差，也称为均方根误差，其表达式为

$$\sigma = \sqrt{\frac{\sum_{i=1}^{n}(\delta)^2}{n}} = \sqrt{\frac{\sum_{i=1}^{n}(x_i-x_0)^2}{n}} \tag{2-1-4}$$

式(2-1-4)中，x_i 为测量值，x_0 为真值。由此得到

$$P = \int_{-\infty}^{+\infty}f(\delta)\mathrm{d}\delta = 1 \tag{2-1-5}$$

这意味着误差出现在区间$(-\infty,+\infty)$的概率为 100%。

从图 2-1-1 (b)中可以看出，σ 的绝对值越小，峰值 $f(\delta)$ 越大，这表明多数测量值的误差越小，测量准确度越高。因此，通过 σ 可判断出测量精度。

同理，可以得到在$(-\sigma,+\sigma)$、$(-2\sigma,+2\sigma)$和$(-3\sigma,+3\sigma)$内测量值误差出现的概率分别为

$$\left. \begin{array}{l} P_1 = \int_{-\sigma}^{\sigma}f(\delta)\mathrm{d}\delta = 68.3\% \\[2mm] P_2 = \int_{-2\sigma}^{2\sigma}f(\delta)\mathrm{d}\delta = 95.5\% \\[2mm] P_3 = \int_{-3\sigma}^{3\sigma}f(\delta)\mathrm{d}\delta = 99.7\% \end{array} \right\} \tag{2-1-6}$$

由于测量值误差超出$\pm3\sigma$范围的概率非常小，因此，常将 3σ 称为极限误差。

2.1.3　标准偏差

标准偏差值的大小可以用来衡量测量值误差的大小。从式

(2-1-4)可以看出,在计算标准偏差时,需要知道待测物理量的真值。然而,待测物理量的真值是客观存在却不能得到的一个理想值,计算标准误差 σ 便也成为天方夜谭。因此,如何得到最接近真值的测量值成为实验者努力的方向。

由图 2-1-1 (b)可知,经过足够多次的测量,随机误差的代数和会趋于0。用 $x_1, x_2, \cdots, x_n$ 表示 n 次测量值,x_0 为物理量的真值,那么

$$\delta_1 = x_1 - x_0$$
$$\delta_2 = x_2 - x_0$$
$$\cdots$$
$$\delta_n = x_n - x_0$$

对 n 次测量误差求和,可得

$$\sum_{i=1}^{n} \delta_i = \sum_{i=1}^{n} x_i - nx_0$$

由 $\lim\limits_{n \to \infty} \sum_{i=1}^{n} \delta_i = 0$ 得到

$$\frac{\sum_{i=1}^{n} x_i}{n} = \overline{x} \to x_0$$

可见,在测量次数足够多时,用算术平均值 $\overline{x}$ 可代替真值。此时的测量误差又称为测量残差,可表达为

$$v_i = x_i - \overline{x} \tag{2-1-7}$$

则用残差表示的测量量标准偏差为

$$S = \sqrt{\frac{1}{n-1} \sum_{i=1}^{n} (x_i - \overline{x})^2} \tag{2-1-8}$$

式(2-1-8)称为贝赛尔公式,该公式与标准误差 σ 所代表的物理意义相同,即任意一次的测量误差分布在 $-S$ 到 $+S$ 之间的概率为68.3%。

同理,平均值 $\overline{x}$ 的标准偏差为

$$S_{\overline{x}} = \sqrt{\frac{1}{n(n-1)} \sum_{i=1}^{n} (x_i - \overline{x})^2} = \frac{S}{\sqrt{n}} \tag{2-1-9}$$

其物理意义是,真值在 $[\overline{x} - S(\overline{x}), \overline{x} + S(\overline{x})]$ 范围内的概率是

68.3%。

2.2 测量不确定度与测量结果的表示

2.2.1 测量不确定度

由于测量时测量值与真值之间总是存在误差,需要对测量值的可靠性进行评估,因此,国际计量组织出版了《测量不确定度表示指南》。该指南中,引入一个与测量结果相关联的参数——测量不确定度来表达测量值的可靠性。对于一个测量值,不仅要给出该测量值的大小,还要给出其不确定度。测量不确定度分为 A 类不确定度和 B 类不确定度。

1. A 类不确定度

A 类不确定度是指在物理实验中,可以采用统计方法衡量与计算的不确定度。按照定义,可用算术平均值的标准偏差 $S_{\bar{x}}$ 作为 A 类不确定度,即

$$u_A(x) = S_{\bar{x}} \sqrt{\frac{1}{n(n-1)} \sum_{i=1}^{n} (x_i - \bar{x})^2} \qquad (2\text{-}2\text{-}1)$$

此时,真值位于测量值范围 $[\bar{x} - u_A(x), \bar{x} + u_A(x)]$ 中的概率为 68.3%。

2. B 类不确定度

B 类不确定度是指采用非统计方法衡量与计算的不确定度。非统计方法衡量的不确定度来源及计算方法超出普通物理实验课程的教学要求,为简化起见,本书约定非统计方法衡量的不确定度来源仅考虑仪器的误差,其值 $\Delta_{仪}$ 取仪器的误差限值(一般在仪器的说明书中会给出)或测量工具的分度值,则 B 类不确定度为

$$u_B(x) = \frac{\Delta_{仪}}{\sqrt{3}} \qquad (2\text{-}2\text{-}2)$$

3. 合成不确定度

测量结果的总不确定度 $u(x)$ 由 A 类不确定度分量 $u_A(x)$ 和 B 类不确定度分量 $u_B(x)$ 组成。

(1)直接测量结果的不确定度。

①单次测量的不确定度。由于单次测量时不具备统计规律,其A类不确定度为 0。总不确定度 $u(x)$ 只包含 B 类不确定度。

②多次测量的不确定度。多次测量不确定度由 A 类不确定度分量 $u_A(x)$ 和 B 类不确定度分量 $u_B(x)$ 组成,表达为

$$u(x) = \sqrt{u_A^2(x) + u_B^2(x)} \qquad (2\text{-}2\text{-}3)$$

(2)间接测量结果的不确定度。间接测量结果是在直接测量结果的基础上得到的,其不确定度与直接测量的不确定度紧密相连,其计算方法如下:设间接测量量 N 是 n 个独立的直接测量量 $x, y, z, \cdots$ 的函数,即

$$N = f(x, y, z, \cdots)$$

这里 $x = \overline{x} \pm u(x), y = \overline{y} \pm u(y), z = \overline{z} \pm u(z)$。

由于算术平均值是直接测量真值的最佳值,因此间接测量真值的最佳接近值为

$$\overline{N} = f(\overline{x}, \overline{y}, \overline{z}, \cdots)$$

由于不确定度相当于微小增量,间接测量的不确定度公式与数学中的全微分公式基本相同,利用全微分公式,则间接测量的不确定度为

$$u(\overline{N}) = \sqrt{\left(\frac{\partial f}{\partial x}\right)^2 u^2(\overline{x}) + \left(\frac{\partial f}{\partial y}\right)^2 u^2(\overline{y}) + \left(\frac{\partial f}{\partial z}\right)^2 u^2(\overline{z}) + \cdots}$$

$$(2\text{-}2\text{-}4)$$

若先对函数表达式取对数,再求全微分,可得

$$u(\overline{N}) = \sqrt{\left(\frac{\partial \ln f}{\partial x}\right)^2 u^2(\overline{x}) + \left(\frac{\partial \ln f}{\partial y}\right)^2 u^2(\overline{y}) + \left(\frac{\partial \ln f}{\partial z}\right)^2 u^2(\overline{z}) + \cdots} \cdot \overline{N}$$

$$(2\text{-}2\text{-}5)$$

由此可见,当间接测量值与直接测量值 $x, y, z, \cdots$ 满足和或差的函数关系时,用式(2-2-4)计算更为方便;当间接测量值与直接测量值 $x, y, z, \cdots$ 满足积或商的函数关系时,则用式(2-2-5)更为方便。表2-2-1给出了间接测量值与直接测量值的几种常见函数关系下的不确定度合成公式。

表 2-2-1　常用函数的不确定度合成公式

函数表达式	不确定度合成公式
$N=x\pm y$	$u(N)=\sqrt{u^2(x)+u^2(y)}$
$N=A\times B,N=\dfrac{A}{B}$	$\dfrac{u(N)}{N}=\sqrt{\left(\dfrac{u(A)}{A}\right)^2+\left(\dfrac{u(B)}{B}\right)^2}$
$N=KA$（K 为常数）	$u(N)=Ku(A),\dfrac{u(N)}{N}=\dfrac{u(A)}{A}$
$N=A^n,n=1,2,\cdots$	$\dfrac{u(N)}{N}=n\dfrac{u(A)}{A}$
$N=\sqrt[n]{A}$	$\dfrac{u(N)}{N}=n\dfrac{u(A)}{A}$
$N=\sin A$	$u(N)=\lvert\cos A\rvert u(A)$
$N=\ln x$	$u(N)=\dfrac{u(A)}{A}$

2.2.2　测量结果的一般表示

一个完整的测量结果应包括该量值的大小、单位和它的不确定度，即应写成下列标准形式

$$x=\overline{x}\pm u(x)（单位）$$

$$U_r=\pm\frac{u(x)}{\overline{x}}\times100\%$$

在等精度测量时，$\overline{x}$ 是多次测量值的算术平均值，$u(x)$ 为不确定度，U_r 为相对不确定度。

2.3　有效数字及其运算规则

2.3.1　有效数字的定义

由于在实验的测量过程中存在误差，测量数值在一定程度上要求反映出测量的精度，因此，测量值的取值位数不能随意取舍。这时，就需要用有效数字来科学合理地反映测量结果。

能够正确表达出测量和实验结果信息的数字，称为有效数字。在表示测量结果的数字中，除保留一位可疑数外，其余应全部是确切数。

例如，实验中测量某一物体，经过多次测量，得到测量值的算术

平均值为 $\bar{x}=1.562$ cm,计算得到其不确定度为 $u(x)=0.03$ cm。因此,测量量的误差产生在小数点后两位,所以,算术平均值中的"6"已经是有误差的可疑数,$\bar{x}$ 的最后一位"2"不用再写上了,表达结果的正确式应为

$$x = 1.56 \pm 0.03 \text{ cm}$$

2.3.2 有效数字的选取

在实验测量中,测量数值的有效数字的选取与以下几个因素有关。

(1)测量仪器的精度。测量仪器的精度决定了有效数字的选取。例如,测量物体长度,采用最小分度值为 1 mm 的直尺时,物体的长度为 1.61 cm,只有三位有效数字,其中"1.6"为准确值,"0.01"为估测值;而采用螺旋测微器测量可得到 1.6132 cm,有效数字为 5位,其中"1.613"为准确值,"0.0002"为估测值。

(2)测量方法。测量方法影响有效数字的选取。例如,在单摆实验中用秒表测量单摆周期,一般误差为 0.2 s。单次测量时,得到的一个周期是 $T=1.8$ s,而在测量连续 100 个周期时,记录的时间为 $t=181.3$ s,求得周期的平均值为 $\bar{T}=1.813$ s。因此,不同的测量方法对测量结果的有效数字会产生影响。

(3)数据处理过程。数据处理过程影响有效数字的选取。在数据处理过程中,有效数字末位的选取法则为"四舍六入五凑偶"。即当末位后的一个数不大于 4 时,舍去;不小于 6 时,进位;等于 5 时,将末位数凑成偶数,但是如果 5 的后面存在非零数时,仍然要进位,不受"凑偶"限制。例如,3.7450,取四位有效数字为 3.745;取三位有效数字时,由于 4 是偶数,且 5 的后面没有非零数,故为 3.74,取两位有效数字为 3.7。又如 3.452,取两位有效数字时,因为 5 的后面有非零数 2,要进位,所以结果为 3.5。

注意事项:①在有效数字中,末位的"0"不可随意舍去,其包含有相应的物理意义。例如,用直尺测量物体长度是 2.40 cm,这表明最后的 0 是估测值,采用的是最小分度值为 1 mm 的直尺。②在单位换算过程中,不得改变有效数字的位数。例如,3.60 m=360 cm,但不能写成 3600 mm。为避免出现类似错误,在单位换算时一般采

用科学计数法,如 3.60 m=3.60×10² cm=3.60×10³ mm。

2.3.3 有效数字运算规则

有效数字关系到测量结果的精确表达,为避免在运算过程中造成有效数字位数取舍的混乱,需统一规定有效数字在运算中所遵循的规则。

(1)四则运算规则(加、减、乘、除)。

①加减法运算规则:按正常加减运算规则进行运算,所取结果的有效位数与运算中存疑数字所占位数最高的相同。如 2.1$\underline{3}$+12.14$\underline{3}$=14.273,所取结果为 14.27。

②乘除法运算规则:一般将参加运算中有效数字位数最少的位数定为计算结果的有效位数。

注意:当两个数相乘,最高位相乘的积出现进位时(大于或等于10),所取结果的有效数字要比最少位数多取一位。如 7.55×48.82=368.591,所取结果为 368.6。

当两个数相除时,被除数的有效位数小于或等于除数的有效位数,且被除数最高位数的值小于除数最高位数的值时,所取结果的有效数字应比最少位数少一位。如 236÷489=0.4826,所取结果为 0.48。

(2)乘方和开方运算规则。乘方和开方的运算规则和乘除法运算规则一致。

(3)函数运算有效位数的取位规则。首先采用误差分析法,确定误差的有效位数,再将计算结果按照误差的末位数取值。已知 x,计算 $y=f(x)$ 时,Δx 为 x 的最后一位的数量级,确定 y 的误差位数可通过不确定度传递公式 $\Delta y=|f'(x)|\Delta x$ 进行估计,则 y 的计算结果按照 Δy 的末位数值取值。

例 已知 $x=25.32$,$y=\ln x$,求 y。

由于 x 的误差位在小数点后两位(百分位)上,所以取 $\Delta x\approx0.01$,根据不确定度传递公式 $\Delta y=|f'(x)|\Delta x$,即 $\Delta y=\dfrac{\Delta x}{x}=\dfrac{0.01}{25.32}\approx$ 0.0004,这表明 y 的误差位在小数点后四位(万分位)上,则 y 的取值结果的有效位数也应到达万分位,即 $y=\ln x=\ln 25.32=3.2316$。

（4）特殊数或常数的有效位数选取。特殊数或常数的有效位数可以认为是无限的，其在运算过程中的取位以不降低运算结果的有效数字位数为原则。例如，圆周长 $2\pi r$，$r=5.456$ 的有效位数为 4 位，则取 $\pi=3.1416$，$2=2.0000$ 参与到运算过程中。

（5）运算的中间过程有效位数的选取。在运算的中间过程中，可在有效位数的选取上保留两位存疑数，在最终得到结果时，再按前面的规则对有效位数进行选取。

2.4　实验数据的处理方法

数据处理是指在实验中从测量结果的记录、整理、计算推导、作图、分析到得出物理结论的整个过程。常用的数据处理方法有列表法、作图法、逐差法和最小二乘法等。

2.4.1　列表法

列表法是数据处理中最基本的一种方法，常用在记录数据时。它是将测量数据按照物理量之间的对应关系列成表格，使得数据简明醒目，有条不紊。这样有助于在记录数据时发现异常的测量结果，从而发现实验中存在的问题。采用列表法处理数据时，应遵循下列原则：

（1）设置各栏目时要按照对应的物理关系，使得数据在处理时逻辑更加清晰。

（2）各栏目所表达的物理量及单位要标注清楚，若采用符号表达，需加以说明。

（3）记录的数据应为测量的原始数据，以便后续查证。对于中间处理的数据，应给出处理的步骤或公式。

（4）要对测量数据进行必要的说明，如测量环境、测量仪器的型号等。例如，在长度测量实验中，采用螺旋测微器测量钢球直径，数据见表 2-4-1。使用仪器：0～25 mm 螺旋测微器，$\Delta_仪=0.004$ mm。

表 2-4-1　钢球直径测量结果

次数	初读数（mm）	末读数（mm）	直径 D_i（mm）	平均值 $\overline{D}$（mm）	标准偏差 $S(\overline{D})$（mm）
1	+0.003	7.007	7.004		
2	+0.003	7.005	7.002		
3	+0.003	7.007	7.004	7.0042	0.00089
4	+0.003	7.009	7.006		
5	+0.003	7.008	7.005		
6	+0.003	7.007	7.004		

2.4.2　作图法

将实验中测得的数据按照所遵循的函数关系进行可视化处理的过程，称为作图法。将数据通过曲线或直线直观地表示出来，不仅有利于筛选出异常数据，也更有利于发现数据之间存在的函数关系，探索存在的物理规律。

1. 图示法

将物理实验中物理量之间的关系通过曲线或直线的方式展示在坐标图中，称为图示法。

图示法的作图规则如下：

(1)选取不同的坐标纸。根据数据对应的函数关系选取不同的坐标纸，如选用 1 mm 分度值的直角方格坐标纸、对数坐标纸、极坐标纸等。在物理实验中，最常用的是直角坐标纸。由于科技的发展，很多时候不再采用传统的坐标纸进行绘图，而是根据需要在电脑上制作合适的坐标图。

(2)定坐标和坐标标度。构建坐标系，通常以 X 坐标表示自变量，Y 坐标表示因变量，并标注出各坐标轴代表的物理量和相应的单位。坐标的标度是根据测量数据的有效位数来确定的，数据中的可靠数字在坐标上应该是可靠的，估读数也是估计出来的，不能因为作图而改变测量误差。坐标分度值的分布要均匀，图中标记出的测量数据要和原始数据的有效位数相同。为使图中标点和读数更加方便，通常用"1、2、5、10"等进行分度，而不采用"3、6、7、9"。

(3)标出原始测量数据点。在作图时，要将坐标纸上的原始测量数据用标记符号标出,有多种测量数据时,可用不同标记符号进行区别,如"＋""⊙""△"等。

(4)连线。选用合适作图工具将尽可能多的原始测量数据点连接成直线或光滑的曲线。对于不在图线上的点,应尽量使其分布在图线两侧,对偏离较大的点,应进行分析后再决定取舍,在曲线的转折处,要适当增加测量次数。

(5)标明图纸名称。在图纸的明显位置处标明图的名称,注明作者、日期以及重要的说明等。

(6)曲线改直。由于在作图时,直线最容易绘制,也最不容易引入新的误差。因此,为作图方便,可将许多非线性函数关系通过数学变换改造成线性关系。这种由曲线变成直线的方法称为曲线改直。举例如下。

①$PV=C$,C 为常数。

由 $P=\dfrac{C}{V}$,令 $\dfrac{1}{V}$ 为 x,则 $P-\dfrac{1}{V}$ 图为直线,斜率为 C。

②$y=ax^b$,其中 a、b 为常数。

在方程两边取对数,得 $\lg y=\lg a+b\lg x$,令 $y'=\lg y$,$x'=\lg x$,原函数 $y=ax^b$ 可变为 $y'=bx'+\lg a$,则 $y'-x'$ 图为直线,具有线性关系,斜率为 b,截距为 $\lg a$。

2. 图解法

在作图法的基础上,解析出已作图线的函数形式,根据图线中的数据求出函数各参数,得出已作图线满足的具体方程的方法,称为图解法。实验中常用的函数有线性函数、二次函数、三角函数、幂函数等。随着科技的发展,在电脑上作图时,可采用拟合的方式直接得到图线的方程,这为实验中数据的处理带来极大的方便。下面以直线图解法为例,介绍图解法的步骤和注意事项。

(1)在直线上选点。在直线上选取 A(x_1,y_1)、B(x_2,y_2)两点。选点时要注意:A、B 两点一般不取原始数据点,两点相距不要太近,同时 A、B 两点也不要超出原始数据的范围。将 A、B 两点用与原始数据不同的符号标注出来。

(2)求斜率 k。将选取的 A、B 两点的坐标带入直线方程 $y=kx$

+b,可得出斜率公式

$$k = \frac{y_2 - y_1}{x_2 - x_1} \quad (2\text{-}4\text{-}1)$$

（3）求截距 b。若横坐标的起点为 0，则可以直接得到截距 b 就是 x＝0 时的 y 值。否则，可将 A、B 两点的坐标值带入直线方程 y ＝kx＋b，求得截距

$$b = \frac{x_2 y_1 - x_1 y_2}{x_2 - x_1} \quad (2\text{-}4\text{-}2)$$

（4）得到直线的函数方程。

$$y = kx + b$$

2.4.3 逐差法

对等间距测量的数据进行逐项或相等间隔项相减，得到算术平均值的方法，称为逐差法。该方法具有计算简便、可充分利用测量数据等优点，有利于及时发现实验中的异常，总结规律。

1. 逐差法的使用条件

（1）自变量 x 是等间距变化的。

（2）被测物理量 y 可表达为 x 的多项式，即 $y = \sum\limits_{m=0}^{m} a_m x^m$。

2. 逐差法的应用

以拉伸法测弹簧劲度系数为例，在实验中每次在弹簧下增加 1 个砝码（砝码的质量是固定的，如 20 g），共增加 9 次，分别记下每次弹簧下端的位置 $L_0, L_1, L_2, \cdots, L_9$。

将所测的数据等间隔或逐项相减，即

$$\Delta L_1 = L_1 - L_0$$
$$\Delta L_2 = L_2 - L_1$$
$$\cdots\cdots$$
$$\Delta L_9 = L_9 - L_8$$

观察数据 $\Delta L_0, \Delta L_1, \Delta L_2, \cdots, \Delta L_9$ 是否相等，若 ΔL_i 均基本相等，这就验证了外力与弹簧伸长量之间的函数关系是线性的，即

$$\Delta F = k \Delta L$$

3. 求物理量数值

现计算每增加 1 个砝码时弹簧的平均伸长量，即

$$\Delta\overline{L} = \frac{\Delta L_1 + \Delta L_2 + \Delta L_3 + \cdots + \Delta L_9}{9}$$

$$= \frac{(L_1 - L_0) + (L_2 - L_1) + (L_3 - L_2) + \cdots + (L_9 - L_8)}{9}$$

$$= \frac{L_9 - L_0}{9}$$

从上式可看出,中间的测量值全部抵消了,只有始末两次测量值起作用,这就失去了多次测量减小误差的实际意义。

为避免上述问题,通常将所测数据分成前后两组,前一组为 L_0, L_1, L_2, L_3, L_4, 后一组为 L_5, L_6, L_7, L_8, L_9, 将前后两组的对应项相减

$$\Delta L'_1 = L_5 - L_0$$

$$\Delta L'_2 = L_6 - L_1$$

$$\cdots$$

$$\Delta L'_5 = L_9 - L_4$$

再取平均值

$$\overline{\Delta L'} = \frac{1}{5}\left(\frac{\Delta L'_1 + \Delta L'_2 + \Delta L'_3 + \Delta L'_4 + \Delta L'_5}{5}\right)$$

此时,每个原始测量数据都能用上,得到每次增加砝码时弹簧的平均伸长量。因此,对应项逐差法可以充分利用测量数据,减少测量带来的随机误差和测量仪器带来的误差。

2.4.4 最小二乘法

根据一组原始实验数据拟合出一条最佳直线,进而准确求出两个物理量之间满足的线性函数关系的方法,称为最小二乘法。假定所研究的变量为 x 和 y, 且 x 和 y 之间满足线性关系,即

$$y = A_0 + A_1 x \tag{2-4-3}$$

已知所测量的实验数据为

$$x_1, x_2, x_3, \cdots, x_m$$

$$y_1, y_2, y_3, \cdots, y_m$$

最小二乘法的目的是确定式(2-4-3)中的 A_0 和 A_1。为方便理解和讨论,我们假定:①实验中采用的是等精度测量。②只有 y 一个变量具有明显的随机误差, x 的误差相较 y 可以忽略。

把实验数据 $(x_1, y_1), (x_2, y_2), \cdots, (x_m, y_m)$ 代入式(2-4-3),得

$$
\begin{cases}
\varepsilon_1 = y_1 - y = y_1 - A_0 - A_1 x_1 \\
\varepsilon_2 = y_2 - y = y_2 - A_0 - A_1 x_2 \\
\qquad\qquad \cdots \\
\varepsilon_m = y_i - y = y_i - A_0 - A_1 x_i
\end{cases}
$$

即

$$
\varepsilon_i = y_i - y = y_i - A_0 - A_1 x_i \qquad (2\text{-}4\text{-}4)
$$

ε_i 的大小与正负表示实验点在直线两侧的分散程度,其值与 A_0、A_1 有关。由最小二乘法理论可以得出,当 $\sum\limits_{i=1}^{m} \varepsilon_i^2$ 最小时,对应的 A_0、A_1 的值为最佳参数,即

$$
\sum_{i=1}^{m} \varepsilon_i^2 = \sum_{i=1}^{m} (y_i - A_0 - A_1 x_i)^2 \qquad (2\text{-}4\text{-}5)
$$

根据极值条件,对 A_0 和 A_1 求一阶偏导数,且使其为零,得

$$
\begin{cases}
\dfrac{\partial}{\partial A_0}\Big(\sum\limits_{i=1}^{m} \varepsilon_i^2\Big) = -2 \sum\limits_{i=1}^{m} (y_i - A_0 - A_1 x_i) = 0 \\[3mm]
\dfrac{\partial}{\partial A_1}\Big(\sum\limits_{i=1}^{m} \varepsilon_i^2\Big) = -2 \sum\limits_{i=1}^{m} \big[(y_i - A_0 - A_1 x_i) x_i\big] = 0
\end{cases} \qquad (2\text{-}4\text{-}6)
$$

令 $\bar{x}$ 为 x 的平均值,即 $\bar{x} = \dfrac{1}{m} \sum\limits_{i=1}^{m} x_i$,$\bar{y}$ 为 y 的平均值,即 $\bar{y} = \dfrac{1}{m} \sum\limits_{i=1}^{m} y_i$,$\overline{x^2}$ 为 x^2 的平均值,即 $\overline{x^2} = \dfrac{1}{m} \sum\limits_{i=1}^{m} x_i^2$,$\overline{xy}$ 为 xy 的平均值,即 $\overline{xy} = \dfrac{1}{m} \sum\limits_{i=1}^{m} x_i y_i$。

代入式(2-4-6),得

$$
\begin{cases}
\bar{y} - A_0 - A_1 \bar{x} = 0 \\
\overline{xy} - A_0 \bar{x} - A_1 \overline{x^2} = 0
\end{cases}
$$

求解方程组,得

$$
\begin{cases}
A_1 = \dfrac{\overline{xy} - \bar{x} \cdot \bar{y}}{\overline{x^2} - \bar{x}^2} \\[3mm]
A_0 = \bar{y} - A_1 \bar{x}
\end{cases} \qquad (2\text{-}4\text{-}7)
$$

上述情况是在已知的函数形式下,由测量数据求出实验回归方

程。因此,在函数形式确定的情况下,用最小二乘法处理数据,将得到唯一的数据,不会像作图法那样因人而异。可见,用最小二乘法处理问题的关键是函数形式的选取。但是当函数形式不确定时,只能靠实验数据的趋势来推测测量值,进而寻求经验公式。不同的实验者对同一组实验数据可能会采用不同的函数形式,进而得出不同的结果。

判断所得结果是否合理,不仅要确定待定常数,还需要计算相关系数 γ,对于元线性回归,将 γ 定义为

$$\gamma = \frac{\overline{xy} - \overline{x} \cdot \overline{y}}{\sqrt{(\overline{x^2} - \overline{x}^2)(\overline{y^2} - \overline{y}^2)}} \qquad (2\text{-}4\text{-}8)$$

相关系数 γ 的数值大小反映了线性函数相关程度。正常情况下,$|\gamma|$ 介于 0 和 1 之间,且当 x 和 y 之间存在线性关系时,实验数据在求得的直线附近比较密集,$|\gamma|$ 接近于 1,此时用线性函数进行回归比较合理。相反,当实验数据相对求得的直线很分散,x 和 y 之间不存在线性关系时,$|\gamma|$ 远小于 1 而接近 0,说明此时用线性回归不妥,必须用其他函数重新拟合。

在物理中,一般认为,当 $|\gamma| \geqslant 0.9$ 时,两个物理量之间就存在较密切的线性关系。

表 2-4-2 为相关系数检验表(部分),将计算的相关系数 γ 与表格中相应的测量次数 n 和显著性水平 α 所对应的数值进行比较,即可获得线性相关的显著水平。例如,测量 10 次,计算得到的线性相关系数 $\gamma=0.92457$。查表 2-4-2,$n=10$,$\alpha=0.01$ 对应的相关系数值为 0.76459,0.92457$>$0.76459,即线性相关显著性水平达到 0.01,说明 x 与 y 间存在显著的线性相关性。

表 2-4-2　相关系数检验表

测量次数 n	显著性水平(α)		
	0.10	0.05	0.01
3	0.98769	0.99692	0.99988
4	0.90000	0.95000	0.99000

续表

测量次数 n	显著性水平(α)		
	0.10	0.05	0.01
5	0.80538	0.87834	0.95874
6	0.72930	0.81140	0.91720
7	0.66944	0.75449	0.87453
8	0.62149	0.70673	0.83434
9	0.58221	0.66638	0.79768
10	0.54936	0.63190	0.76459
11	0.52140	0.60207	0.73479
12	0.49726	0.57598	0.70789
13	0.47616	0.55294	0.68353
14	0.45750	0.53241	0.66138
15	0.44086	0.51398	0.64114
16	0.42590	0.49731	0.62259
17	0.41236	0.48215	0.60551
18	0.40003	0.46828	0.58971
19	0.38873	0.45553	0.57507
20	0.37834	0.44376	0.56144
21	0.36874	0.43286	0.54871
22	0.35983	0.42271	0.53680

第三章

物理实验基本测量工具及测量方法

　　物理实验是人们认识和掌握宇宙运行规律的重要途径。无论是物理规律的发现,还是物理理论的验证,都依赖于物理实验。物理实验过程主要由三部分组成:①在条件可控的情况下重现物理现象。②采用合适的测量方法和测量工具对相关物理量进行测量。③从观测到的实验数据中获取物理规律。物理量的测量是物理实验的重要组成部分,它直接影响最终获得的物理规律。

　　测量结果的精确度与测量工具和测量方法密切相关。例如,对时间的测量,在我国历法中,将一日等分成十二个时辰,可通过日晷、滴水计时法等对时间进行测量。在单摆摆动的近似等时性被发现后,单摆被应用到时间测量上,从而发明了摆钟,这使得时间测量的精确度提升到秒级。近代以来,随着测量工具和测量方法的不断改进,时间测量的精确度不断提升。原子钟的发明使得时间的测量误差每天小于 10^{-10} s。由此可见,测量工具和测量方法在物理实验中占据重要地位。本章将对大学物理实验中常用的测量工具和测量方法进行介绍。

3.1　测量与单位

1.测量

　　测量是日常生活或实验中获取被测物体数据的一种过程。例如,生活中用秤或天平测量物体的质量,用尺子测量物体的长度等。在物理实验中,为得到被研究对象的数据、特性或所遵循的物理规律,都需要进行最基本的测量。那么,什么是测量呢? 测量就是选定一个可作为标准的同类物理量,将待测的物理量与之进行比较,进而得到待测物理量的值,通常将作为标准的量称为单位,与之比较得到的倍数称为测量值。

例如,用最小单位为毫米的米尺测量物体的长度,如图 3-1-1 所示。经过比较,测量得到的数值为 16 mm,考虑到估计的值,该测量值为 16.5 mm,也可记录为 1.65 cm。

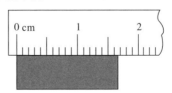

图 3-1-1　用直尺测量物体的长度

从测量数据的获得上来讲,可把测量分为直接测量和间接测量。直接测量是指从仪器上经过与标准单位比较可直接得到待测物体的数据的过程。例如,在单摆实验中用直尺测量摆线长度,在静电场描绘实验中用探针测量导电纸电势等,都属于直接测量。间接测量是指在直接测量的基础上,经过一定的数学函数关系运算而得到被测物体物理量的过程。例如,为得到圆柱体的密度,根据密度公式 $\rho = \dfrac{4m}{\pi D^2 h}$,实验中需要采用直接测量法来得到圆柱体的质量 m、直径 D 和高度 h,然后,再根据函数关系式计算得到密度 ρ,该过程就是间接测量。

2. 国际单位

各个国家对同一物理量进行衡量时采用的单位各不相同,为国际上的相互交流造成障碍。为解决该问题,在 1960 年第 11 届国际计量大会上,确定了国际单位制(Le Système International d'Unités,SI),它规定以千克、米、安[培]、秒、坎[德拉]、开[尔文]、摩[尔]7 个单位作为基本单位,其他物理量的单位(如牛顿、伏特等)都可以用基本单位来表达,称为导出单位。

3.2　物理实验常用仪器仪表及使用

大学物理实验中会使用到许多不同的实验器具,例如,力学实验里的游标卡尺和螺旋测微器,热学实验中常用的温度计,电磁学实验则离不开各种电学仪表。其中,涉及长度、时间和质量等物理量测量的器具最为常用。下面主要介绍几类常用器具的使用方法,其他实验仪器将在具体实验项目中进行介绍。

3.2.1 长度测量器具

长度作为 7 个基本物理量之一,几乎在所有的实验项目中都会涉及。在许多实验中,经常将其他物理量通过转换法转变成对长度的测量,如水银温度计利用汞的热胀冷缩规律将对温度的测量转变成对水银柱长度的测量。长度测量所用的器具较多,其中最基本的器具有直尺(或钢卷尺)、游标卡尺、螺旋测微器和移测显微镜等。

1. 直尺和钢卷尺

直尺和钢卷尺是最常见的长度测量工具,其分度值通常为 1 mm,少数直尺的分度值可以指示到 0.5 mm,如图 3-2-1 和图3-2-2 所示。直尺的测量范围有 0~15 cm、0~20 cm 等不同规格,而钢卷尺的测量范围要大些,可以达 500 cm。直尺和钢卷尺的测量范围和精度基本上可以满足日常生活中的测量需求。

图 3-2-1 直 尺

图 3-2-2 钢卷尺

直尺和钢卷尺的测量要领是"紧贴、对齐和正视"。使待测物与直尺或钢卷尺的刻度面紧贴,如图 3-2-3 所示。为了避免因直尺刻度起始端边缘磨损导致的测量偏差,通常从直尺刻度起始端后面 1~2 cm 的地方开始测量物体长度,如图 3-2-3 所示。读数时视线要与刻度面垂直,分别读出待测物左右两端(A 端和 B 端)对应的刻度值,刻度值之差即为待测物体的长度测量值。垂直于刻度面读数主要是为了避免由于观测者的视觉差异而引起的测量误差。读数时要在分度值后面再估读一位,如图 3-2-3 所示,物体右端(B 端)的读数为396.5 mm,读数的最后一位 0.5 mm 是估读数据。

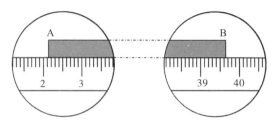

图 3-2-3　米尺测量方法

2. 游标卡尺

游标卡尺的测量精度要明显高于直尺和钢卷尺,可以满足更高精度的测量需求。游标卡尺由主尺和套在主尺上可以自由移动的副尺(又称游标)组成,如图 3-2-4 所示。主尺相当于一个直尺,副尺上刻有不同数量的分格,根据副尺上分格数量的不同,游标卡尺大致可分为 10 分度、20 分度和 50 分度三种规格,对应三种不同的测量精度分别是 0.1 mm、0.05 mm 和 0.02 mm。游标卡尺上下两侧各有一对测量爪(或称测量刀口),上测量爪通常用来测量物体内边缘的长度,下测量爪通常用来测量物体外边缘的长度。

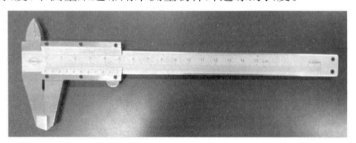

图 3-2-4　游标卡尺

(1)游标卡尺工作原理及读数方法。现简述 10 分度游标卡尺的工作原理和读数方法,其他规格的游标卡尺类同。当副尺上的"0"刻度线(又称游标零线)与主尺的"0"刻度线对齐时,测量刀口之间的长度为"0",如图 3-2-5(a)所示。10 分度游标尺的副尺上共有 10个分格,其全长是 9 mm,每一个分格长0.9 mm,即副尺上每一分格比主尺上每一个分格短 0.1 mm。缓慢滑动副尺,将副尺的第 1 条刻度线与主尺上 1 mm 刻度线对齐,则副尺的"0"刻度线与主尺的"0"刻度线相距 1 mm－1×0.9 mm＝0.1 mm,也就是测量刀口之间的距离为 0.1 mm。如副尺的第 2 条刻线与主尺的 2 mm 刻度线对齐，则测量刀口张开距离为 2 mm－0.9 mm×2＝0.2 mm，以此类推。由此可知，游标卡尺测量的长度值是由两个确定数值之差来求得的，所以没有估读值。游标卡尺的精度等于主尺上 1 个分格与副尺上 1 个分格的长度之差，即 0.1 mm。

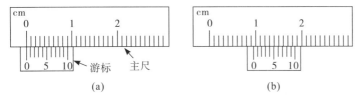

图 3-2-5　游标卡尺工作原理示意图

　　根据游标卡尺的工作原理可知，游标卡尺的测量结果由主尺读数与副尺读数组成。以图 3-2-5(b) 为例，读数方法如下：第一步，先确认副尺"0"刻度线对应的主尺的位置，读出主尺上位于副尺"0"刻度线左侧的分格数，将其作为游标卡尺读数的整数部分（单位：mm），图 3-2-5(b) 显示副尺"0"刻度线左侧的主尺上有 9 个分格，即 9 mm；第二步，观察副尺上第几条分格线与主尺上某条分格线的对齐情况，图 3-2-5(b) 显示副尺上第 4 条分格线与主尺上某条分格线对齐，则用 4 乘以 10 分度游标卡尺的精度 0.1 mm，乘积即为游标卡尺读数的小数部分，即 0.4 mm，由此可知图 3-2-5(b) 的读数为 9 mm＋0.1 mm×4＝9.4 mm。其他规格的游标卡尺读数方法类同。

　　(2)使用方法。测量前先将测量爪合并，检查游标卡尺有无"零点读数"，即主尺"0"刻度线和游标的"0"刻度线是否对齐，如果不对齐，则记下读数，此读数即为"零点读数"，用来修正测量值。测量时，根据测量对象来选择测量爪，如果测量物体的内边缘长度，可选用上测量爪；如果测量物体的外边缘长度，可以选用下测量爪。将测量爪卡紧物体边缘，注意不可过紧也不可过松，旋紧副尺上的固定螺丝，使副尺无法移动来固定读数。将游标卡尺从待测物上取下后便可进行读数。游标卡尺还可以用来测量深度。将主尺的右边缘与待测深度的上边缘对齐，向外移动副尺，这时从主尺右侧会伸出深度测量杆，直到测量杆抵达待测深度的底端时，旋紧副尺上的固定螺丝，便可读数。最终的测量结果还要用"零点读数"来进行修正,即用游标卡尺读数减去"零点读数",得到的值便是待测物体的长度测量值。注意:测量时应注意保护测量爪,避免损伤,不可将测量刀口在物体边缘上摩擦;游标卡尺不适合测量粗糙的物体。

3. 螺旋测微器

螺旋测微器是我们在进行精确测量时经常要用到的测量仪器。螺旋测微器又称千分尺、螺旋测微仪、分厘卡,它是比游标卡尺更精密的长度测量器具,常用于测量较小的长度,如金属丝直径、薄片厚度等。螺旋测微器是利用螺旋放大原理,将螺旋运动转变成直线运动的一种量具,螺旋测微器的外形如图 3-2-6 所示。

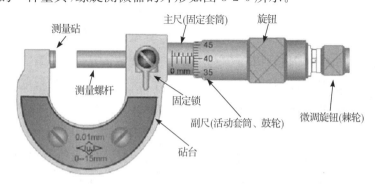

图 3-2-6 螺旋测微器

与游标卡尺相似,螺旋测微器的测量系统也是由主尺和副尺两部分构成的。主尺为固定在砧台上的固定套筒,副尺为套在固定套筒上可以自由运动的活动套筒(又称鼓轮)。螺旋测微器的测量螺杆与活动套筒连接成为一个整体,通过精密螺纹结构与固定套筒相互咬合,螺纹的螺距为 0.500 mm。转动活动套筒可以实现测量螺杆的左右移动,同时活动套筒也随测量螺杆沿轴向在固定套筒上左右滑动,活动套筒沿轴向滑动的距离与测量螺杆左右移动的距离相同。螺旋测微器的读数即为测量砧与测量螺杆之间的距离。

刻在固定套筒上的主尺被一条沿套筒轴线方向的直线分成上下两部分。此轴向直线上下两侧都均匀刻画有间距为 1.000 mm 的刻度线,并且上下两侧刻度线互相平分各分格,即下方的每条刻度线恰好将上方对应的分格从中间等分成两份,同样,上方的每条刻度线也将下方对应的分格从中间等分成两份。如此一来,任何相邻的上下两条刻度线的间距均为 0.500 mm,即主尺的最小分度值为 0.500 mm。活动套筒的一周均匀刻画的 50 个分格构成螺旋测微器的副尺。活动套筒转动一周,活动套筒和测量螺杆前进或后退 0.500 mm,所以活动套筒每转动 1 个分格,测量螺杆前进或后退 0.010 mm,这就是螺旋测微器的测量精度。

(1)读数方法。螺旋测微器的读数方法与游标卡尺类似,也是通过主尺读数加上副尺读数计算得出测量结果。首先读出活动套筒边缘左侧主尺上的分格总数(即相邻上下刻度线所夹的分格数,每分格长度为0.500 mm),取整数。主尺读数=主尺分格数×0.500 mm,图 3-2-7 所示的主尺读数为 12×0.5 mm=6.000 mm。然后观察主尺的轴向直线所指向的副尺读数(活动套筒上的分格数)。注意:活动套筒上的分格数要估读到小数点后面的十分位,如果主尺的轴向直线正好与鼓轮的某条刻度线对齐,则分格数的小数点后的十分位数值估读为"0"。图 3-2-7 中主尺的轴向直线指向的副尺的位置介于第 27 条与第 28 条刻度线之间,估读小数部分为 0.3,即 27.3 个分格,则副尺的读数为 27.3×0.01 mm=0.273 mm,则图 3-2-7所示的读数为6.000 mm+0.273 mm=6.273 mm。

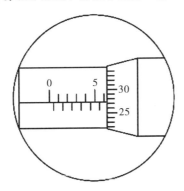

图 3-2-7 螺旋测微器读数示意图

(2)使用方法。使用在螺旋测微器进行测量前要读取"零点读数"。左手握住半圆形砧台位置,右手缓慢转动活动套筒。当测量螺杆靠近测量砧时,停止转动活动套筒,改为转动棘轮来带动测量螺杆前进,这是为了保护螺旋测微器内部精密的螺纹结构。棘轮带有自动保护装置,当测量螺杆与测量砧接触时,再旋转棘轮便会出现"打滑"现象,发出"嗒""嗒"的响声,此时活动套筒与固定套筒之间的螺纹不再发生相对运动,固定套筒不会再对活动套筒产生向前的推力,这可以有效避免精密螺纹结构不会因受力过大而发生形变,从而起到保护作用。这时观察活动套筒的边缘是否与主尺上的"0"刻度线对齐,以及主尺上的轴向直线是否指在鼓轮上的"0"刻度线上。如果不是,则需要读出此时螺旋测微器的读数,这个读数便是"零点读数"。接下来便可以测量物体的长度了。

将待测物体置于测量螺杆和测量砧之间,并让测量砧紧靠待测物体一端,右手缓慢转动活动套筒,使测量螺杆缓慢接近待测物体。当测量螺杆靠近待测物体的另一端时,再改为旋转棘轮,直到测量螺杆与待测物体接触。当听到"嗒""嗒"的响声时,便可以进行读数。完成读数后,用"零点读数"对测量值进行修正,即用测量值减去"零点读数",得到的差就是物体的长度测量值。注意:不论是读取"零点读数"还是夹测物体,都不能直接旋转活动套筒使测量螺杆与测量砧或待测物体接触。测量完毕,测量螺杆和测量砧之间要松开一段距离后再放于盒中,以免温度变化引起受热膨胀,使测量螺杆与测量砧之间压力过大而损坏精密螺纹结构。

此外,测量过程中应注意回程误差。螺旋结构中的螺丝和螺套在实际制作过程中无法做到紧密接触,必然存在一定的间隙。在转动活动套筒移动测量螺杆时,螺丝与螺套仅在一侧紧密接触,另一侧存在一定间隙,当中途改变测量螺杆的移动方向时,螺丝与螺套的接触状态发生改变,即原来密接的位置松开,而原来有间隙的一侧变成了密接部位。这样螺丝与螺套的间隙就被记入测量结果中,导致测量结果产生误差,这种误差称为回程误差。

4. 移测显微镜

移测显微镜是一种兼具精密测量和局部显微功能的长度测量器具,如图 3-2-8 所示。由于集成了显微镜,因此,移测显微镜不仅可以像螺旋测微器、游标卡尺那样测量具有具体形状的硬质物体,还可以对一些微小的特殊对象进行测量,如微小孔径、光学干涉或衍射的条纹宽度、细小刻线的宽度等。

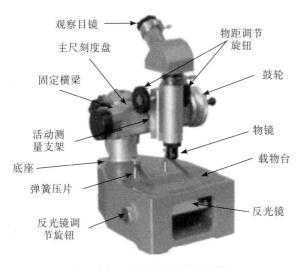

观察目镜

主尺刻度盘

固定横梁

活动测量支架

底座

弹簧压片

反光镜调节旋钮

物距调节旋钮

鼓轮

物镜

载物台

反光镜

图 3-2-8 移测显微镜外形结构

移测显微镜测量部件的工作原理与螺旋测微器或游标卡尺相同,其读数方法也与螺旋测微器或游标卡尺类同。实验室中常用的移测显微镜采用测微螺旋结构的居多,图 3-2-8 所示就是采用测微螺旋结构原理的移测显微镜。下面以测微螺旋结构移测显微镜为例,简单介绍其结构及使用方法。

(1)仪器结构。测微螺旋结构移测显微镜大致由三部分组成:显微放大部件、测量部件和辅助部件。显微放大部件主要由显微镜和物距调节系统组成。显微放大部件固定在活动测量支架上,通过物距调节旋钮,可以在竖直方向上下移动显微镜来改变物距,从而在目镜中观察到清晰的像。测量部件的机构与螺旋测微器类似,主尺为固定在底座上的固定横梁,其上刻有间距为 1 mm 的刻线,鼓轮为副尺,一圈均匀刻有 100 个分格。鼓轮、活动测量支架和固定横梁之间通过精密螺纹结构相互咬合,转动鼓轮时,活动测量支架带着显微镜沿着固定横梁上的导轨左右移动,螺纹间距为1 mm,鼓轮上一个分格对应 0.01 mm,所以移测显微镜的测量精度为0.01 mm。辅助部件包括底座、载物台、弹簧压片和反光镜等。载物台实际上是一块毛玻璃,通过转动下方的反光镜使光线通过毛玻璃进入显微镜,用于调节视场的亮度,以便于观察。弹簧压片用于固定容易滚动的待测物体,如玻璃管等。

(2)使用方法。将待测物体置于载物台上,并用弹簧压片将其固定。调节观察目镜,使其中十字形叉丝"十"和平行叉丝"‖"清晰可见。转动物距调节旋钮,使显微镜缓慢地上下移动,直到可以观察到待测物体清晰的像为止。在此调节过程中,可以同时转动反光镜,使视场亮度最佳。转动鼓轮,将显微镜移动到待测物体一端,从目镜中观察的同时微调鼓轮,使测量叉丝与待测物体的边缘对齐,并记录移测显微镜的读数(其读数方法与螺旋测微器类同)。再将显微镜移到待测物体另一端,同样微调鼓轮,使测量叉丝与待测物体的边缘对齐,并记录读数。两次记录的读数之差就是待测物的长度测量值。注意:测量过程中,应根据待测物体的形状特征和测量要求来确定选用什么形状的测量叉丝;测微螺旋结构移测显微镜同样存在回程误差;观察目镜和物镜镜头时,严禁用手或其他粗糙物品擦拭,清洁镜头时,应用专门镜头纸擦拭。

3.2.2 时间测量器具

1. 电子秒表

作为电子计时器的一种,电子秒表是物理实验中常用的时间测量器具,其测量精密度较高,且操作简单。电子秒表一般采用石英晶体振荡器产生的稳定电脉冲信号作为计时基准,故计时精度较高。图 3-2-9 所示为实验室中常见的两款电子秒表。电子秒表的液晶显示屏上采用 5 位数字显示时间,其中第 1 位数字计时单位为分,后面 4 位数字(包括两位百进制小数)的计时单位为秒,故而电子秒表的计时精度可达 0.01 秒。电子秒表不仅比机械秒表的测量精度高,而且还具有更多功能,除了能够进行分、秒的显示外,还能进行时、日、星期及月的显示。电子秒表的功耗很小,一般在 6 μA 以下的电流工作,其供电装置为容量 100 mAh 的氧化银电池。

不同规格的电子秒表配有的按钮个数不尽相同,图 3-2-9 展示的便为两种不同规格的电子秒表。电子秒表在基本显示模式下的显示格式为"时—分—秒",通过 S_1 模式选择按钮可以切换不同工作模式。在秒表计时模式下,按下 S_2 按钮,开始计时,再按一次 S_2 按钮,计时结束,按下 S_3 按钮,计时清零。

图 3-2-9　电子秒表

2. 数字毫秒计

相比于电子秒表,数字毫秒计具有计时精度更高、功能更多、自动化程度更高等优点。数字毫秒计的工作原理与电子秒表类似,也是采用石英晶体振荡器产生的电脉冲信号作为计时基准,但是其计时精度可达 0.1 ms,如图 3-2-10 所示。由于电子秒表需要手动控制,在测量较短时间量时,人需要一定的反应时间(约 0.2 s),会使测量结果产生较大误差。数字毫秒计可与光电门配合,实现自动计时,完美解决了这类问题。光电门类似于光控开关,数字毫秒计记录的时间是光电门两次挡光的时间间隔。两次挡光可以是一个光电门的前后两次挡光,也可以是两个光电门各一次挡光。两种情况的线路连接不同,具体线路连接和功能选择在后面相应的实验项目中再具体介绍。

图 3-2-10　多功能数字毫秒计

3.2.3　质量测量器具

天平是最常见的质量测量器具。天平的种类很多,按工作原理大致可以分成机械天平和电子天平两大类。机械天平包括普通物理天平、光电天平、阻尼分析天平等。机械天平主要是利用杠杆原理进行测量,其灵敏度最高可达 0.1 mg。然而,越是灵敏度高的机械天平,其零件和结构就越复杂,操作要求就越高,也越费时。电子天平的工作原理与机械天平不同,它是采用电磁力与待测物体重力平衡的原理来进行称量。由于电子天平直接测量的是物体的重力,因此,测量结果受重力加速度的影响,在称量前需要进行校准。与机械天平相比,电子天平具有操作简单、称量准确、性能可靠、功能丰富等优点,是实验室常用的质量测量器具。图 3-2-11 所示为电子天平。

图 3-2-11　电子天平

下面简单介绍电子天平的操作方法和注意事项。首先要将电子天平调整至水平状态,即通过调节底脚螺丝使水准器中的气泡处于中心位置。然后开机预热一段时间。一般来说,精度越高的电子天平预热时间越长,具体预热时间按说明书要求执行,通常不少于30 分钟。预热结束后,如果防风罩未打开,电子天平的读数不能归零,可通过"去皮"或"置零"按钮来归零。在首次使用、长距离运输后使用或发生过载后再次使用时,都要进行"校准"操作。长按"校准"键,按照屏幕提示的校准砝码数值放上相应的校准砝码,电子天平会自动完成校准。完成上述操作后即可进行称量操作。将待测物体轻放到称量盘上,待屏幕数值稳定后,记下测量结果即可。注意:严禁超重称量;在取、放待测物体及称量结束后要及时关闭防风罩;禁止将待测物直接放在称量盘上称重,要在待测物体下垫放专用称重纸;长时间不用应拔去电源线。

3.3 物理实验中的基本测量方法

测量方法指的是在给定的实验条件下,根据测量要求,尽可能减少误差,使测量值更为精确的方法。人们在实践过程中创造出了许多针对物理量的测量方法。根据测量数据获得的方法不同,可分为直接测量法、间接测量法和组合测量法;按测量过程是否随时间变化可分为静态测量法和动态测量法;按测量数据是否能够直接表示被测量的量值可分为绝对测量法和相对测量法;按测量技术的不同可分为比较法、平衡法、放大法、模拟法、干涉法、转换法、补偿法等。

不同物理实验中的不同物理量往往采用不同的测量方法。掌握尽可能多的测量方法对于学生在设计性实验中优化实验方案十分重要。本节主要介绍大学物理实验中常用的几种基本测量方法。

1. 比较法

比较法是将待测量与已知的标准量进行直接或间接的比较,从而获得测量值的一种测量方法。比较法是物理量测量中最基本的测量方法。从广义上讲,所有物理量的测量都是将待测量与标准量进行比较的过程,只是比较的方式以及标准量的表现形式不相同。例如,通过将待测物体与米尺进行比较来获得待测物体的长度;将液体的体积与量杯或量筒的容积进行比较来获得液体的体积测量值;将待测物体与天平的砝码进行比较来获得待测物体的质量等。比较法可分为直接比较法和间接比较法。

(1)直接比较法。直接比较法是将待测量与标准量具(如经过校准的仪器或量具)直接进行比较,直接获取测量值的方法。例如,用米尺测量长度,用量筒测量液体的体积,用天平测量物体的质量等。直接比较法具有同量纲、直接可比性和同时性等特点。直接比较法获得测量值的精确度受测量仪器或量具的精度局限,故在测量前,量具需经过标定,并要根据测量要求来选择合适的测量器具。

(2)间接比较法。许多物理量难以制成标准量具,无法通过直接比较法来获得测量值。在实际测量中,往往利用物理量之间的函数转换关系制成相应的仪器来进行物理量的测量。这种借助于一些中间量,或将被测量进行某种变换,来间接比较测量的方法称为间接比较法。

这种变换必须服从一定的单值函数关系。如指针式电流表、电压表是利用通电线圈在磁场中受到的磁力矩与游丝发条的扭力矩平衡时,电流的大小与指针的偏转角度之间满足一一对应的关系而制成的,因此,可用指针的偏转角度间接比较出电路中的电流强度或电压值。

有些间接比较还要借助一些装置,经过或简或繁的组合后构建比较系统,才能实现被测量与标准量的比较,如电桥、电位差计等均是常用的比较系统。通过对比较系统的优化设计,间接比较法的测量结果往往可以达到很高的准确度。

2. 平衡法

平衡原理是物理学中的重要基本原理,基于平衡原理形成的平衡法测量是物理测量中的重要方法。它应用到物理学中平衡态的概念,当系统处于平衡态时,各物理量之间的物理关系可以变得十分简单、明确。这使得待测量在与标准量的比较过程中可以获得较高的分辨率和灵敏度,从而使得测量结果具有较高的精确度。

所谓"平衡法",其本质就是通过调节或选择,在待测量与已知量或参考量之间建立平衡关系,通过"零示法"完成比较系统平衡态的建立,以此来实现物理量的测量。在平衡法中,并不研究被测物理量本身,而是关注比较系统平衡态的建立。例如,利用检流计通过"零示法"判断电路中各节点间电压的平衡关系,以此来设计电桥、电位差计,实现对电阻、电池电动势的精确测量。

3. 放大法

在物理实验中常会遇到这样一些问题,即待测量过于微小或受测量工具精度限制等原因导致测量结果的精确度下降。放大法可以提高测量仪器的分辨率和灵敏度,是物理实验室中常用的方法。

(1)机械放大法。这是一种利用机械部件之间的几何关系,使待测量在测量过程中得到放大的方法。游标卡尺和螺旋测微器就是采用机械放大法进行精密测量的典型例子。精度为 0.02 mm 的游标卡尺,其副尺上 50 个格子的总长度对应主尺上 49 mm,副尺上每个格子的长度为0.98 mm。测量中,通过观察副尺上刻度线的对齐情况来区分 0.02 mm 的长度变化,即相当于将 0.02 mm 放大到 0.98 mm,放大了 49 倍。螺旋测微器是通过活动套筒来实现对微小量的放大。活动套筒一周被平均分成 50 格,每格 1 mm。活动套筒转动一周,螺杆前进或后退 1 个螺距。如果螺距为 0.5 mm,则活动套管上的每一格代表 0.01 mm,放大倍数为 100。

机械天平是机械放大法应用的另一个典型例子。用等臂天平称量物体质量时,人的眼睛很难发现天平横梁的微小倾斜角。通过固定在横梁上且与横梁垂直、长为 R 的长指针,可以将微小的角度变化 $\Delta\theta$ 转变成弧度变化 $R\Delta\theta$,即放大了 R 倍。

(2)光学放大法。根据测量对象是否发生改变,光学放大法大致可以分为两种,一种是直接放大法,另一种是间接放大法。

直接放大法是采用视角放大设备(如测微目镜、读数显微镜等)直接观察待测物,待测物体通过光学仪器形成放大的像,便于观察判别。例如,在牛顿环实验中采用显微镜放大等厚干涉条纹,这种方法并没有改变物体的实际尺寸,故而不会增加测量误差。

间接放大法是通过某种物理关系,将微小的物理量转换成较大的物理量,通过测量放大后的物理量来间接测得微小物理量。例如,拉伸法测金属丝杨氏模量的实验中,采用光杠杆放大法测量金属丝的微小伸长量,大大提高了实验的可观测性和测量精度。

4. 模拟法

模拟法是以相似性原理为基础,通过设计与被测原型(被测物体或被测现象)有物理规律相似性或数学相似性的模型来研究被测对象的物理属性及变化规律的实验方法。模拟法通过对模型的测量来实现,可以对因过分庞大、过于危险或变化过于缓慢而无法直接进行测量的研究对象进行测量研究。模拟法可分为物理模拟法、数学模拟法和计算机模拟法等。

(1)物理模拟法。保持同一物理本质的模拟方法称为物理模拟法。它要求模型的几何尺寸与原型的几何尺寸成比例地缩小或放大,即在形状上模型与原型完全相似,称为几何相似。除此之外,它还要求模型与原型遵从同样的物理规律,只有这样,才能用模型代替原型进行物理规律范围内的测试,这就叫物理相似。

例如,在风洞里形成人造风,将飞机模型静止置于其中,调整模型与原型的尺寸比例及风速大小,便可用模型的动力学参量的测量来代替原型的动力学参量的测量,这就是物理模拟。在大型水槽中,在一定速度流动的水中放置船舶、桥梁的模型,然后用模型的动力学参量的测量代替原型的动力学参量的测量,也是同类的物理模拟。

(2)数学模拟法。数学模拟法又称类比法,它和几何相似或物理相似都不相同,原型和模型在物理规律的形式上和实质上均可能毫无共同之处,但它们却遵从相同的数学规律。

例如,静电场描绘实验中用稳恒电场来模拟静电场,这是因为电磁场理论指出,静电场和稳恒电场具有相同的数学方程式,两个场自然具有相同的解。

(3)计算机模拟法。在物理实验中,有诸如宏观、微观、极快、极慢等特殊和极端的物理过程,难以在实验室中展现,借助计算机模拟技术,使人们能够突破时间、空间以及实验条件的约束,用模拟法预测可能的实验结果。计算机模拟的优点在于它能实现数据采集与处理的自动化,帮助人们完成大量繁琐的数学计算。此外,利用计算机灵活的计算、图形绘制、音响、色彩填充等功能,可以十分形象地演示物理现象和物理过程,使深奥的物理内涵通过直观的视觉、听觉效果而展现得有声有色。

5. 干涉法

利用相干波干涉时的物理现象和所遵循的物理规律,进行相关物理量的测量的方法,称为干涉法。它被广泛地应用于各种机械波、电磁波、光波等的研究中。干涉法可以用来精确测量微小的长度或角度变化、微小的形变以及无法直接测量的物理量(如透镜的曲率半径等)。另外,干涉法还可以将瞬息变化以及难以测量的动态研究对象变成稳定的"静态"研究对象——干涉图样,如驻波。在弦振动实验中,通过对干涉后形成的稳定驻波的研究,可以测定波的频率、波速、波长等物理量。牛顿环实验中,通过等厚干涉条纹可以测得平凸透镜的曲率半径。

6. 转换法

在物理实验中,常有一些物理现象难以直接观测,或实验过程中涉及的物理量难以直接测量,或即使能够进行直接测量,但测量起来很不方便、准确性差。为此,需要将这些物理量转换为其他能够方便、准确测量的物理量来进行测量,再反算出待测量,这种测量方法称为转换法。现实中这样的问题很多,如测量一栋三十多层楼房的高度,可通过测量阳光下楼房的阴影长度来计算楼房的高度。又如玻璃温度计和电子温度计,分别是利用热膨胀与温度的关系以及热敏电阻的阻值与温度的关系,将温度测量转换为长度测量和电信号测量。转换法是物理实验中最基本、最常见的实验方法,可分为参量转换法和能量转换法两种基本转换测量方法。

(1)参量转换法。寻找与待测参量有关的物理量,利用它们之间的函数关系,通过对有关参量的测量计算出待测参量的方法,称为参量转换法。物理实验中的间接测量均属于参量转换法测量。

例如,牛顿环实验中,平凸透镜的凸面并不是一个完整的球面,无法直接测量其曲率半径。实验中利用平凸透镜的曲率半径与牛顿环等厚干涉条纹间距间的函数关系,可将曲率半径的测量转换为干涉条纹间距的测量。

(2)能量转换法。能量转换法是指通过能量变换器(如传感器),将某种形式的能量转换成另一种形式的能量来进行测量的方法。随着热敏、光敏、压敏、气敏、湿敏等新型功能材料的涌现,这些材料的性能不断提高,各种能量转换器件也应运而生,为物理实验测量方法的改进创造了很好的条件。由于电学参量具有测量方便、记录迅速和传输便捷的特点,同时,电学仪表的通用性较强,制备技术较为成熟,因此,许多能量转换法都是将待测物理量通过各种传感器和敏感器件转换成电学参量来进行测量的。常见的能量转换法有光电转换、热电转换、压电转换、磁电转换等。

7. 补偿法

在物理实验中,往往会遇到某些物理量不能直接测量或难以准确测量的问题。为了解决这一问题,在实际测量过程中常采用人为构造一个物理量的方法,并使人为构造的物理量与待测物理量等量或具有相同的效应,用于补偿(或抵消)待测物理量产生的效应,使测量系统处于平衡状态,从而得到构造的物理量与待测量之间的确定关系。这种通过人为构造物理量来求得待测量的方法称为补偿法。补偿法主要用于补偿法测量和补偿法校正,并且通常与平衡法、比较法结合使用。

例如,在用板式电位差计测量电池的电动势和内阻实验中,用板式电位差计产生一个电压,并与待测电池的电动势进行比较,采用"零示法"判断电位差计的电压是否与电池电动势达到平衡,从而通过读取电位差计的电压来获得电池电动势的测量值。

第四章

力学、热学实验

4.1 长度测量

长度是基本物理量之一,长度测量与生产、生活和科学实验中许多物理量的测量密切相关,因此,对长度测量方法和测量工具的掌握就显得尤为重要。长度测量中最常用和最基本的测量工具有米尺、游标卡尺、螺旋测微器和移测显微镜等。不同测量工具的量程和分度值也各不相同,如果待测物体的线度较小,同时测量准确度要求又很高,就要用更为精密的仪器或寻找更为适合的测量方法。

【实验目的】

(1)掌握游标卡尺、螺旋测微器和移测显微镜三种测量工具的测量原理及使用方法。

(2)根据测量工具的精度,正确记录原始数据。

(3)熟悉直接测量量和间接测量量的不确定度计算方法,并用不确定度报告测量结果。

【实验仪器】

游标卡尺、螺旋测微器、移测显微镜、钢管、钢珠、铝块等。

【实验原理】

游标卡尺、螺旋测微器和移测显微镜三种常见测量工具的测量方法与使用参见第三章相关内容。

【实验内容】

1. 测钢管的体积参数

用游标卡尺测钢管的外径、内径和高,各测量 5 次以上,并计算钢管的体积及其不确定度。

2. 测钢珠的体积参数

用螺旋测微器测钢珠的直径,测量 5 次以上,并计算钢珠的体积及其不确定度。

3. 测铝块的体积参数

用移测显微镜测铝块的长、宽和高,各测量 5 次以上,并计算铝块的体积及其不确定度。

【注意事项】

(1)使用游标卡尺和螺旋测微器时,需注意零点误差,使用前都要记下相应的零点读数(可正可负)。考虑零点读数后,最后的测量结果应是读数值减去零点读数。游标卡尺读数中没有估读数据。游标卡尺有多种测量精度,应根据测量要求来选择游标分度。

(2)使用螺旋测微器时,考虑其精度为 0.01 mm,并且存在估读,因此,最终测量结果小数点后应有 3 位有效数字(单位:mm)。

(3)在使用移测显微镜时要注意防止回程误差。

【实验数据记录与处理】

1. 测钢管体积

零点读数:$\Delta_0 =$ ____ mm,仪器误差$\Delta_仪 =$ ____ mm。

测量次数	1	2	3	4	5	6	平均值
外径 d_1(mm)							$\bar{d}_1 =$
内径 d_2(mm)							$\bar{d}_2 =$
长 l(mm)							$\bar{l} =$

数据处理:

(1)计算钢管体积。

考虑零点读数后：

$$d_1 = \overline{d}_1 - \Delta_0 = \qquad d_2 = \overline{d}_2 - \Delta_0 = \qquad l = \overline{l} - \Delta_0 =$$

钢管体积最佳估计值：

$$\overline{V} = \frac{\pi(d_1^2 - d_2^2)l}{4} =$$

(2)计算直接测量和间接测量的不确定度。

对 $d_1 : u_A(d_1) = s(\overline{d}_1) = \qquad u_B(d_1) = \Delta_仪/\sqrt{3} =$

$$u(d_1) = \sqrt{u_A^2(d_1) + u_B^2(d_1)} =$$

对 $d_2 : u_A(d_2) = s(\overline{d}_2) = \qquad u_B(d_2) = \Delta_仪/\sqrt{3} =$

$$u(d_2) = \sqrt{u_A^2(d_2) + u_B^2(d_2)} =$$

对 $l : u_A(l) = s(\overline{l}) = \qquad u_B(l) = \Delta_仪/\sqrt{3} =$

$$u(l) = \sqrt{u_A^2(l) + u_B^2(l)} =$$

钢管体积 V 的合成标准不确定度为：

$$u(V) = \sqrt{\left(\frac{\partial V}{\partial d_1}u(d_1)\right)^2 + \left(\frac{\partial V}{\partial d_2}u(d_2)\right)^2 + \left(\frac{\partial V}{\partial l}u(l)\right)^2}$$

$$= \sqrt{\left(\frac{\pi}{2}ld_1\right)^2 u^2(d_1) + \left(\frac{\pi}{2}ld_2\right)^2 u^2(d_2) + \left[\frac{\pi(d_1^2 - d_2^2)}{4}\right]^2 u^2(l)}$$

$$=$$

(3)钢管体积 V 测量结果表示。

$$V = \overline{V} \pm u(V) =$$

2. 测钢珠体积

零点读数：$\Delta_0 =$ ＿＿＿ mm，仪器误差限 $\Delta_仪 =$ ＿＿＿ mm。

测量次数	1	2	3	4	5	6	平均值
直径 d(mm)							$\overline{d} =$

数据处理：

(1)计算钢珠体积。

考虑零点读数后：

$$d = \overline{d} - \Delta_0 =$$

计算钢珠体积的最佳估计值：

$$\overline{V}=\frac{1}{6}\pi d^3=$$

(2)计算直接测量和间接测量的不确定度。

计算 d 的不确定度：

$$u_A(d)=s(\overline{d})=\qquad u_B(d)=\Delta_{仪}/\sqrt{3}=$$

$$u(d)=\sqrt{u_A^2(d)+u_B^2(d)}=$$

计算钢珠体积的不确定度：

$$u(V)=\frac{1}{2}\pi d^2 u(d)=$$

(3)钢珠体积 V 测量结果表示。

$$V=\overline{V}\pm u(V)=$$

3. 测铝块体积

零点读数：$\Delta_0=$____ mm，仪器误差限$\Delta_{仪}=$____ mm。

测量次数	1	2	3	4	5	6	平均值
长 a(mm)							$\overline{a}=$
宽 b(mm)							$\overline{b}=$
高 c(mm)							$\overline{c}=$

数据处理：

(1)计算铝块体积。

考虑零点读数后：

$$a=\overline{a}-\Delta_0=\qquad b=\overline{b}-\Delta_0=\qquad c=\overline{c}-\Delta_0=$$

计算铝块体积的最佳估计值：

$$\overline{V}=a\cdot b\cdot c=$$

(2)计算直接测量和间接测量的不确定度。

对 a：$u_A(a)=s(\overline{a})=\qquad u_B(a)=\Delta_{仪}/\sqrt{3}=$

$$u(a)=\sqrt{u_A^2(a)+u_B^2(a)}=$$

对 b：$u_A(b)=s(\overline{b})=\qquad u_B(b)=\Delta_{仪}/\sqrt{3}=$

$$u(b)=\sqrt{u_A^2(b)+u_B^2(b)}=$$

对 c：$u_A(c)=s(\overline{c})=\qquad u_B(c)=\Delta_{仪}/\sqrt{3}=$

$$u(c)=\sqrt{u_A^2(c)+u_B^2(c)}=$$

计算铝块体积的不确定度：

$$u(V) = \sqrt{\left(\frac{\partial V}{\partial a}u(a)\right)^2 + \left(\frac{\partial V}{\partial b}u(b)\right)^2 + \left(\frac{\partial V}{\partial c}u(c)\right)^2}$$
$$= \sqrt{(b \cdot c)^2 u^2(a) + (a \cdot c)^2 u^2(b) + (a \cdot b)^2 u^2(c)}$$

(3)铝块体积 V 测量结果表示。

$$V = \overline{V} \pm u(V) =$$

【思考题】

(1)用游标卡尺测量长度时有没有估读数？

(2)使用螺旋测微器时,如以毫米为单位,测量结果应估读至小数点哪一位？ 如何判断零点读数的正负？ 待测物体的长度要如何得出？

(3)移测显微镜液晶屏显示的测量结果有没有估读数据？

4.2 单 摆

单摆实验是经典物理实验之一,历史上有多位物理学家都对单摆运动规律做过深入研究,如伽利略、惠更斯、牛顿等。在忽略空气阻力的情况下,单摆的运动是一种典型的简谐运动。惠更斯研究发现,单摆做简谐运动的周期 T 与摆长 L 的二次方根成正比,和重力加速度 g 的二次方根成反比,与振幅、摆球的质量无关。本实验根据单摆运动规律测量重力加速度的大小,同时讨论单摆周期与摆长的关系。

【实验目的】

(1)练习米尺、游标卡尺和秒表的使用。

(2)掌握用单摆测定本地重力加速度的原理和方法。

(3)研究单摆周期和摆长的关系。

【实验仪器】

单摆、秒表、米尺、游标卡尺等。

【实验原理】

如图 4-2-1 所示,把一小球系在上端固定且不能伸长的细线上,将小球拉开平衡位置(一般情况下要求角位移 θ 小于 $5°$),让其在竖直平面内做小角度来回运动,这样的装置称为单摆。

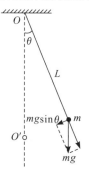

图 4-2-1　单摆示意图

设小球的质量为 m,当细线拉直时,小球球心到固定点 O 的长度为 L,即摆长。对小球做受力分析可知,小球所受重力的切向分力大小为 $mg\sin\theta$,其方向始终指向小球的平衡位置 O' 点。由于角位移 θ 很小,$\sin\theta$ 与 θ 近似相等,切向作用力大小可改写为 $mg\theta$。小球的切向加速度可表示为 $a_\tau = L\dfrac{\mathrm{d}^2\theta}{\mathrm{d}t^2}$。根据牛顿第二运动定律,小球的切向运动方程为

$$mL\frac{\mathrm{d}^2\theta}{\mathrm{d}t^2} = -mg\theta \qquad (4\text{-}2\text{-}1)$$

方程两边消去 m,整理后可得

$$\frac{\mathrm{d}^2\theta}{\mathrm{d}t^2} + \frac{g}{L}\theta = 0 \qquad (4\text{-}2\text{-}2)$$

式(4-2-2)表明小球的运动为简谐运动,同时可以得出该简谐运动角频率 ω 与摆长 L 的关系为

$$\omega = \frac{2\pi}{T} = \sqrt{\frac{g}{L}} \qquad (4\text{-}2\text{-}3)$$

利用周期公式 $T = \dfrac{2\pi}{\omega}$ 可知

$$T = 2\pi\sqrt{\frac{L}{g}} \qquad (4\text{-}2\text{-}4)$$

上式表明单摆的周期只与摆长 L 和重力加速度 g 有关。将式(4-2-4)改写后,得到重力加速度的表达式为

$$g = 4\pi^2 \frac{L}{T^2} \qquad (4\text{-}2\text{-}5)$$

实验中,人需要一定的反应时间,对单摆完成一次全振动时间的测量误差影响过大,为了减小误差,可测量连续完成 n 个全振动所需的时间 t,根据 $T = t/n$,可得

$$g = 4\pi^2 \frac{n^2 L}{t^2} \qquad (4\text{-}2\text{-}6)$$

式(4-2-6)即为利用单摆振动周期公式测量重力加速度 g 的计算公式。式(4-2-6)中,π 和 n 均为固定值,重力加速度 g 的不确定度传递公式 $u(g)$ 可写成

$$u(g) = g\sqrt{\left[\frac{u(L)}{L}\right]^2 + \left[2\frac{u(t)}{t}\right]^2} \qquad (4\text{-}2\text{-}7)$$

从式(4-2-7)可以看出,增大摆长 L 和时间 t 对精确测量重力加速度 g 有利,但是摆长 L 过长,会增加空气的阻尼作用,而时间 t 越长,单摆的摆幅变化越大,L 或 t 过大会使单摆偏离简谐运动,因此,实验中 L 和 t 不宜过大。

另外,可将式(4-2-5)改写为

$$T^2 = 4\pi^2 \frac{L}{g} \qquad (4\text{-}2\text{-}8)$$

该式表明,单摆周期的平方 T^2 与摆长 L 成简单的线性关系。通过绘制 $T^2\text{-}L$ 图,得出直线斜率,也可以算出重力加速度 g。

【实验内容】

1. 测定本地重力加速度 g

(1)调整单摆。将单摆装置放置在实验台合适的位置上,并检查悬线的上端是否固定。通过调节装置底座上的螺丝旋钮,使立柱保持竖直。

(2)测量摆长 L。摆长由摆线长度和小球半径两部分组成。先拉直细线,用米尺测量小球最高点到细线固定点 O 的距离,即摆线长度 l,再用游标卡尺测小球直径 d,重复测量 5 次以上。由公式

$L=l+d/2$ 计算出摆长,并算出摆长平均值。

(3)测量 50 个全振动周期所需时间 t。将小球拉开平衡位置后,让其在竖直平面内做小角度($\theta< 5°$)来回摆动,测量小球连续完成 50 个全振动所需的时间 t,重复测量 5 次以上。多次测量时间的偶然误差明显小于人的反应时间(约 0.2 s)和秒表的误差限,故时间 t 的不确定度仅考虑来自人和秒表的影响。

(4)利用式(4-2-6)、式(4-2-7)计算重力加速度 g 及其不确定度 $u(g)$。

2.研究摆长与周期的关系

(1)通过调整摆线长度 l 以改变摆长 L,将摆长 L 每次改变约 5 cm,改变摆长 5 次以上,重复以上步骤,测出相应的连续摆动 50 次所需时间 t,算出周期 T。

(2)绘制 T^2-L 图,运用最小二乘法计算直线斜率 k,再根据式(4-2-8)中斜率 k 与重力加速度 g 的关系计算 g 值。

【注意事项】

(1)实验所用悬线的上端要用铁夹夹紧固定,不能出现摆动过程中摆长增加的情况,并且要保证摆动角度不超过 5°。

(2)小球开始摆动后,要注意观察小球是否在竖直平面内来回运动。

(3)从"零"开始计单摆的周期数,以小球经过最低点时开始计数,并同时按下秒表进行计时,以减小实验误差。

【实验数据记录与处理】

1.测定本地重力加速度 g

米尺最小分度值 $\Delta_l=$____,游标卡尺误差限 $\Delta_d=$____,秒表误差限 $\Delta_t=$____,人反应时间 $\Delta_人=0.2$ s。

测量次数	摆线长度 l(cm)	摆球直径 d(cm)	50 个周期时间 t(s)
1			
2			

续表

测量次数	摆线长度 l(cm)	摆球直径 d(cm)	50 个周期时间 t(s)
3			
4			
5			
6			
平均值	$\bar{l}=$	$\bar{d}=$	$\bar{t}=$

数据处理如下：

(1)计算摆长及其不确定度。

摆长的平均值：

$$\bar{L}=\bar{l}+\frac{\bar{d}}{2}=$$

摆长的不确定度：

$$u(l)=\sqrt{s^2(\bar{l})+\left(\frac{\Delta_l}{\sqrt{3}}\right)^2}=$$

$$u(d)=\sqrt{s^2(\bar{d})+\left(\frac{\Delta_d}{\sqrt{3}}\right)^2}=$$

$$u(L)=\sqrt{[u(l)]^2+\left[\frac{u(d)}{2}\right]^2}=$$

摆长：

$$L=\bar{L}\pm u(L)=$$

(2)计算 50 个全振动周期所需时间 t 及其不确定度。

$$u(t)=\sqrt{\Delta_人^2+\Delta_t^2}=$$

$$t=\bar{t}\pm u(t)=$$

(3)计算重力加速度 g。

$$\bar{g}=4\pi^2\frac{n^2\bar{L}}{\bar{t}^2}=$$

$$u(g)=g\sqrt{\left[\frac{u(L)}{L}\right]^2+\left[2\frac{u(t)}{t}\right]^2}=$$

$$g=\bar{g}\pm u(g)=$$

2. 研究摆长与周期的关系

次数	摆线长度 l(cm)	摆长 $L=l+\dfrac{\overline{d}}{2}$（cm）	50个全振动周期时间 t(s)	周期 T(s)	周期平方 T^2(s^2)
1					
2					
3					
4					
5					
6					

数据处理如下：

(1)绘制 T^2-L 图。

(2)用最小二乘法计算所绘制 T^2-L 图的直线斜率 k 值。

(3)由式(4-2-8)计算出直线斜率 k 值，即 $k=4\pi^2/g$，计算当地重力加速度 g 的大小及其不确定度。

(4)比较两种方法计算得到的 g 的大小。

【思考题】

(1)由于单摆在摆动中会受到空气阻力，其摆动幅度会越来越小直至停止，请问其周期是否会发生变化？测得的重力加速度 g 的大小是否发生变化？

(2)根据实验数据作出的 T^2-L 线近似为一条直线，这说明什么？如果 T^2-L 线不经过坐标原点，又说明什么？

4.3　自由落体运动

自由落体运动是一种特殊的匀变速直线运动，是指仅受重力作用的物体由静止做竖直下落的运动。本实验中，由于小球从静止开始下落速度较小，空气阻力与重力相比可以忽略不计，小球下落可近似看作自由落体运动。利用自由落体运动规律可以较为准确地测定重力加速度的大小，这对经典物理学的研究尤其是在地球物理学方面有着重要意义。

【实验目的】

(1)学习运用自由落体测定仪和数字毫秒计。

(2)研究自由落体运动规律,测量当地的重力加速度 g。

(3)学习利用最小二乘法处理数据。

【实验仪器】

自由落体测定仪、数字毫秒计、光电门(2 个)、小球(金属球)等。

【实验原理】

自由落体测定仪主要由立柱、电磁铁和光电门组成,如图 4-3-1 所示。带有米尺的竖直立柱固定在三脚底座上,将电磁铁安装于立柱上端,立柱上的光电门 A、B 与数字毫秒计相连接,两个光电门的位置可以沿着立柱上下调整。闭合电磁铁控制开关 K,小球被电磁铁吸引处于静止状态。当断开电磁铁开关 K 时,小球开始做自由落体运动。当小球通过光电门 A 时,数字毫秒计开始计时;当小球通过光电门 B 时,计时结束。数字毫秒计记录的就是小球依次经过两个光电门所用的时间。

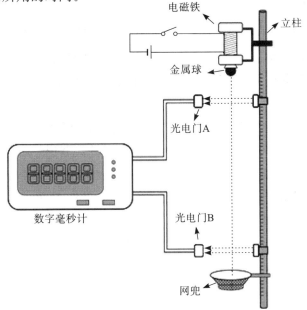

图 4-3-1　自由落体测定仪

设光电门 A、B 之间的距离为 s,小球运动至光电门 A 处的速度大小为 v_0,通过光电门 A、B 所需时间为 t,则

$$s = v_0 t + \frac{1}{2}gt^2 \qquad (4\text{-}3\text{-}1)$$

将式(4-3-1)两侧同除以时间 t,可得

$$\frac{s}{t} = v_0 + \frac{1}{2}gt \qquad (4\text{-}3\text{-}2)$$

再令 $x = t$,$y = s/t$,则式(4-3-2)可改写为

$$y = v_0 + \frac{1}{2}gx \qquad (4\text{-}3\text{-}3)$$

上式表明,y 与 x 呈线性关系,斜率为 $g/2$。实验中可调整两个光电门之间的距离,测出不同的 s 值及其对应的 t 值。利用最小二乘法可得拟合直线的斜率 k,而重力加速度 g 的大小可由下式求出

$$g = 2k \qquad (4\text{-}3\text{-}4)$$

由式(4-3-3)可知,要保证 y 与 x 呈线性关系,须确保 v_0 为常数,即小球下落至光电门 A 时的速度不变。故而在实验中改变光电门 A、B 的间距 s 时,光电门 A 的位置不能变。

【实验内容】

(1)调节自由落体测定仪的支架,保证立柱竖直。借助重锤线来调节电磁铁下端,光电门 A、B 的中心和网兜应保持在同一条竖直线上,确保小球下落通过两个光电门时能挡光计时。

(2)测量时间 t 值时,数字毫秒计"转换"选单位为"ms","功能"选"s2 计时"。

(3)将光电门 A 的位置固定于 x_A,使光电门 B 的位置位于 x_B,测量两个光电门间的距离 $s = x_A - x_B$,用数字计数器记录小球一次经过两个光电门所需时间 t,为减小误差,可重复测 3 次,取其平均值。

(4)保持光电门 A 位置不动,移动光电门 B,改变 s 值 5 次以上,测出对应的 t 值。

(5)利用上述各组测量的 x 和 y 值,由最小二乘法求斜率 k 及标准偏差 s_k,计算重力加速度 g 的大小及其不确定度 $u(g) = 2u(k) = 2s_k$。

【注意事项】

(1)当小球下落经过光电门后,若数字毫秒计未开始计时,则需重新调整支架,直到小球能依次竖直通过两个光电门且数字毫秒计可正常计时为止。

(2)测量时务必保证支架稳定,不产生晃动。

【实验数据记录与处理】

光电门 A 的位置 $x_A=$＿＿＿ cm。

次数	$x_B(cm)$	$s=x_B-x_A(cm)$	$t(ms)$	$x=\bar{t}$	$y=\dfrac{s}{t}$
1					
2					
3					
4					
5					
6					

数据处理如下:

(1)计算每个 s 对应的 x 和 y 值,描点作 $s/t-t$ 图。

(2)由表中测量的 x 和 y 值,利用最小二乘法求斜率 k 及标准偏差 s_k。

$\bar{g}=2k=$

$u(g)=2s_k=$

测量结果:$g=\bar{g}\pm u(g)=$

【思考题】

(1)在此实验中,为什么只改变光电门 B 的位置,而不改变光电门 A 的位置?

(2)小球经过光电门后,数字毫秒计未能实时显示时间的原因是什么?

(3)如何利用自由落体运动测量小球下落至任意一处的速度大小?

4.4　牛顿第二运动定律的验证

牛顿运动定律奠定了经典力学的理论基础,明确地指出了力和运动之间的关系,其中,牛顿第二运动定律给出了具体的力和运动之间的定量关系。本实验在气垫导轨上研究物体运动状态的改变与其所受合外力之间的关系。实验中,通过气垫导轨营造微摩擦力环境,用砝码的重力使运动系统产生加速度,在保持系统总质量不变的情况下,研究合外力与加速度之间的关系,从而验证牛顿第二运动定律。

【实验目的】

(1)熟悉气垫导轨结构,掌握其正确使用方法。

(2)了解光电计时系统的工作原理,掌握利用光电计时系统测量物体速度和加速度的方法。

(3)学习在气垫导轨上验证牛顿第二运动定律的方法。

【实验仪器】

气垫导轨(L-QG-T-1500/5.8)、滑块、电脑通用计数器(MUJ-ⅡB)、电子天平、游标卡尺、气源、砝码等。

【实验原理】

牛顿在《自然哲学的数学原理》中明确给出了力和运动之间的定量关系,即牛顿第二运动定律,表达形式为

$$\boldsymbol{F} = \frac{\mathrm{d}\boldsymbol{p}}{\mathrm{d}t} \tag{4-4-1}$$

牛顿第二运动定律又可以表示为

$$F = ma \tag{4-4-2}$$

即物体运动的加速度大小与物体所受合外力的大小成正比,与物体的质量成反比。本实验是在保证运动系统的总质量不变的情况下,测量运动系统在不同合外力作用下运动的加速度,检验 F 与 a 之间

是否存在如式(4-4-2)所示的线性关系。

在力学实验中,摩擦力是会对实验结果产生负面影响的主要因素之一,因此,在力学实验过程中经常采用一些特殊的装置或设计,用来减小摩擦力对实验结果的影响。本实验是在气垫导轨提供的微摩擦力条件下来验证牛顿第二运动定律的。

气垫导轨由截面为三角形的中空铝型材制成,截面成等腰三角形,长约 2 m,一端通过进气口与空气压缩机相连,另一端封闭并装有定滑轮。在导轨的两侧表面整齐排列有直径为 $0.4 \sim 0.6$ mm 的喷气孔,如图 4-4-1 所示。滑块的下方有两块成倒"V"形排列的金属片,其夹角正好与气垫导轨的两个侧面的夹角相同,这使得滑块的倒"V"形金属薄片能够与气垫导轨的表面紧密吻合。当高速气流从导轨表面的喷气孔喷出时,对滑块形成向上的合力,将滑块从导轨表面托起,从而在导轨表面与滑块之间形成厚度不到 200 μm 的空气薄膜(即气垫)。这极大地减小了滑块运动时所受到的摩擦力,可以近似地认为,滑块在气垫导轨上滑动时,在运动方向上受到的阻力仅为空气黏滞阻力。

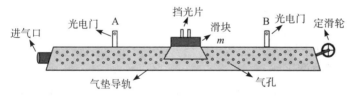

图 4-4-1　气垫导轨

导轨两侧的光电门与数字毫秒计相连,组成光电计时系统。带有挡光片的滑块在经过光电门时触发计时系统,第一次挡光,计时开始,第二次挡光,计时结束,所以数字毫秒计记录的时间是两次挡光的时间间隔。挡光片有"U"形和"1"字形两种形状,如图4-4-2所示。

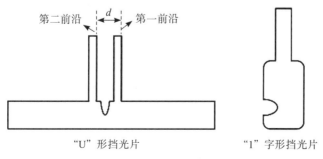

"U"形挡光片　　　　　　"1"字形挡光片

图 4-4-2　挡光片

本实验中,滑块的瞬时速度采用滑块经过光电门时的平均速度来代替,存在一定的系统误差。设"U"形挡光片的第一前沿与第二前沿距离为 d,其经过同一个光电门时会发生两次挡光,数字毫秒计记录的时间为 t,则滑块在光电门位置的平均速度(视作瞬时速度)为

$$v = \frac{d}{t} \tag{4-4-3}$$

d 越小,则平均速度越接近瞬时速度。但是 d 过小时,对应的时间 t 也会非常小,这使得 t 的相对误差增大,同样会增加系统误差。所以 d 不宜过小,实验中常用的"U"形挡光片 d 值一般在 1 cm 左右。用"1"字形挡光片测量运动时间需要两个光电门 A 和 B。滑块经过光电门 A 时第一次挡光,计时开始,到达光电门 B 时第二次挡光,计时结束。两个光电门之间的距离为 s,则滑块在光电门 A、B 之间的平均速度为

$$\bar{v} = \frac{s}{t_{\text{AB}}} \tag{4-4-4}$$

本实验通过测量滑块在光电门 A、B 之间运动时的相关参数来计算运动系统所有合外力 F 和加速度 a,并通过分析加速度 a 与和外力 F 的关系来验证牛顿第二运动定律。

1. 导轨调平

气垫导轨通过左右两端的支脚固定在实验台上,由于重力的作用,导轨的三角形中空铝管实际上并不是严格的平直直线,而是近似"两头翘,中间凹"的曲线。所谓"调平气垫导轨",实际上是将两个光电门所在位置调整到同一水平线上。虽然滑块与导轨之间没有摩擦力,但空气阻力仍然存在,所以在无动力条件下,即使导轨调平,滑块在导轨上滑动的速度依然是逐渐减小的。由空气阻力引起的速度损失可表示为

$$\Delta v = \frac{bs}{m} \tag{4-4-5}$$

式中,b 为空气的黏性阻尼系数,s 为光电门 A、B 之间的距离,m 为滑块质量。

如果导轨调平,则可认为滑块在导轨上运动时速度的损失主要

是由空气阻力造成的。那么,可以通过滑块速度损失情况来判断导轨是否调平,即若滑块从光电门 A 到光电门 B 的速度损失近似等于滑块从光电门 B 到光电门 A 的速度损失,则导轨调平。

2. 黏性阻尼系数 b

由式(4-4-5),空气的黏性阻尼系数 b 可表示为

$$b = \frac{m}{s}\Delta v \tag{4-4-6}$$

式中,Δv 为滑块的速度损失。导轨调平时,滑块从光电门 A 到光电门 B 的速度损失 Δv_{AB} 与从光电门 B 到光电门 A 的速度损失 Δv_{BA} 十分接近。为减小误差,取 $\Delta v = (\Delta v_{AB} + \Delta v_{BA})/2$,则式(4-4-6)可表示为

$$b = \frac{m}{s}\frac{\Delta v_{AB} + \Delta v_{BA}}{2} \tag{4-4-7}$$

3. 运动系统所受合外力 F

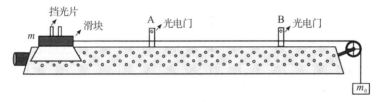

图 4-4-3　滑块在气垫导轨上运动

如图 4-4-3 所示,滑块 m 悬浮在气垫导轨上,通过细线与定滑轮下方的砝码 m_0 相连。由 m、m_0、细线和定滑轮组成的运动系统在砝码重力和阻力的作用下做加速运动,运动过程中系统受到的阻力主要来自两方面:空气阻力和定滑轮的摩擦力。由于光电门 A、B 间的距离一般小于 1 m,因此,可以近似认为,运动过程中空气阻力大小与平均速度有如下关系

$$f_{空气} = b\bar{v} \tag{4-4-8}$$

式中,b 为空气黏性阻尼系数,$\bar{v}$ 为滑块在光电门 A、B 间的平均速度。定滑轮受到的摩擦力可表示为

$$f_{摩擦} = m_0(g - a)c \tag{4-4-9}$$

式中,a 为运动系统的加速度,c 为等效阻尼系数。c 值为作用于线的等效阻力系数,由实验室预先测定并标注在实验台上。整个运动

系统所受合外力可以表示为

$$F = m_0 g - b\overline{v} - m_0(g - a)c \tag{4-4-10}$$

4. 加速度 a

在运动过程中认为细线不可伸长,运动系统的加速度可以通过测量滑块 m 的加速度来获得。在运动过程中,系统受到的空气阻力和定滑轮摩擦力远小于砝码的重力,故近似认为系统做匀加速运动。对于滑块 m 而言,其在光电门 A、B 之间做匀加速直线运动,设 m 在光电门 A 的瞬时速度为 v_A,在光电门 B 的瞬时速度为 v_B,则有

$$2as = v_B^2 - v_A^2 \tag{4-4-11}$$

结合式(4-4-3)、(4-4-11)可以改写为

$$a = \frac{v_B^2 - v_A^2}{2s} = \frac{d^2}{2s}\left(\frac{1}{t_B^2} - \frac{1}{t_A^2}\right) \tag{4-4-12}$$

式中,t_A 和 t_B 分别是滑块上"U"形挡光片经过光电门 A、B 的时间。

5. 运动系统总质量 M

由图 4-4-3 可以看出,运动系统由滑块质量 m、全部砝码质量 m_Σ、细线和定滑轮组成。为保证系统总质量不变,没有放在细线下端的砝码应放在滑块上,细线的质量可以忽略不计。在运动过程中,定滑轮做定轴转动,其等效质量可由定滑轮的转动惯量折合质量 J/r^2 来代替(J 为定滑轮转动惯量,r 为定滑轮半径),实验前定滑轮的折合质量由实验室预先测定并标注在实验台上。由此,运动系统的总质量可以表示为

$$M = m + m_\Sigma + \frac{J}{r^2} \tag{4-4-13}$$

实验中,系统所受合外力的改变是通过改变细线下方砝码质量 m_0 来实现的。计算出在不同 m_0 下运动系统所受的合外力 F 和运动加速度 a,检验 F 与 a 之间是否存在线性关系,如果相关系数 γ 大于 0.88,可以认为式(4-4-2)在实验条件下成立。

【实验内容】

1. 调平气垫导轨

用纱布蘸取少量酒精轻轻擦拭导轨表面,检查喷气孔有无堵

塞,打开空气压缩机对导轨通气。连接数字毫秒计与光电门,选择
"S_1 计时"挡,将"U"形挡光片固定在 m 上,调节光电门 A、B 的间
距,使 s 为 30~50 cm。沿平行导轨表面方向轻轻拨动滑块,使其沿
导轨向前滑动,滑块依次经过光电门 A、B,并在导轨另一端被弹簧
反弹回来,依次经过光电门 B、A。滑块运动一个来回,数字毫秒计
记录 4 个时间,分别是 t_A、t_B 和 t'_B、t'_A。多次重复操作,计算出滑块
从 A 到 B 的速度损失 Δv_{AB} 和返回时从 B 到 A 的速度损失 Δv_{BA}。如
果每次来回滑块的速度损失十分接近($\Delta v_{AB} \approx \Delta v_{BA}$),则可认为导轨
已经调平。

2. 求黏性阻尼系数 b

导轨调平后,重复多次拨动滑块,使其在光电门 A、B 之间来回
运动,并记录每个来回滑块经过光电门 A、B 的时间 t_A、t_B 和 t'_B、t'_A。
计算出滑块从光电门 A 到光电门 B 的速度损失 Δv_{AB} 和返回时从光
电门 B 到光电门 A 的速度损失 Δv_{BA}。用电子天平测量滑块质量 m,
从导轨上读出光电门 A、B 之间的距离 s,利用式(4-4-7)计算 b 值,
取多次计算结果的平均值作为空气黏性阻尼系数。

3. 验证牛顿第二定律

(1)测量运动系统总质量 M,"U"形挡光片第一前沿到第二前沿
的距离 d 和光电门 A、B 之间的距离 s。

(2)将质量为 m_0 的砝码悬挂在细线下,剩余的砝码全部放在滑
块 m 上。

(3)将滑块上"U"形挡光片放在靠近光电门一侧,让滑块在细线
的牵引下从固定位置开始运动,使"U"形挡光片依次经过光电门 A、
B,并记录时间 t_A 和 t_B。根据式(4-4-12)计算运动系统的加速度 a。

(4)将滑块上"1"字形挡光片放在靠近光电门的一侧,保持细线
下所挂砝码质量 m_0 不变,让滑块在相同拉力牵引下从同一固定位
置开始运动。记录下"1"字形挡光片经过光电门 A、B 所用的时间
t_{AB}。根据式(4-4-10)计算出运动系统所受合外力 F。

(5)改变细线下所挂砝码的质量 m_0,重复(3)、(4)步骤,计算不
同 m_0 下(m_0 改变不少于 6 次)运动系统所受合外力 F 和加速度 a。

【注意事项】

(1)禁止对滑块及导轨轨面进行敲击,敲击产生的形变会增大物体表面的摩擦力。

(2)禁止在导轨未接通气源的情况下将滑块在导轨上来回滑动,此操作会产生干摩擦,从而损伤实验器材。

(3)禁止将滑块掉落在桌面和地面上。

(4)在进行实验前,首先应将导轨和滑块用纱布进行清洁处理,此时,可以使用少量酒精作为清洁剂。

(5)实验后,将使用的实验器材合理存放,并将导轨用布盖好。

【实验数据记录与处理】

$\dfrac{J}{r^2} = 0.30g$,$g = 9.795 \ \text{m/s}^2$(重力加速度)。

1. 使用动态调平法,测量空气的黏性阻尼系数 b

$m = $ _____,$d = $ _____,$s = $ _____。

测量序号	A → B			B → A			b
	t_A (ms)	t_B (ms)	Δv_{AB} (m/s)	t'_B (ms)	t'_A (ms)	Δv_{BA} (m/s)	
1							
2							
3							
4							
5							
6							

数据处理:将多次实验测得的 b 取平均值,作为空气的黏性阻尼系数。

2. 测定不同 m_0 下运动系统所受合外力 F 和加速度 a

$M = $ _____,$d = $ _____,$s = $ _____,$c = $ _____。

砝码质量 m_0(g)	光电门 A t_A(ms)	光电门 B t_B(ms)	A 到 B 的时间 t_{AB}(ms)	平均速度 $\bar{v}$ (m/s)	加速度 a (m/s^2)	合外力 F(N)

数据处理如下：

（1）以 a 为横坐标，F 为纵坐标，绘制 $F-a$ 曲线，观察所绘图形是否近似为直线。

（2）使用最小二乘法计算拟合所绘直线斜率 K，比较 K 值与 M 差异是否过大，计算相关系数 γ。

【思考题】

（1）实验中如何获得滑块的瞬时速度？

（2）滑块在气垫导轨上运动时，没有外力牵引，但速度却越来越快，这是为什么？

（3）在对气垫导轨进行调平时，如何判断气垫导轨是否处于水平状态？

4.5　验证动量守恒定律

经典力学中的运动定理和守恒定律最初是从牛顿运动定律推导出来的，如动量定理、动量守恒定律等。随着物理学的发展，现代物理学所研究的一些领域中，存在很多经典力学理论不适用的情况，但动量守恒定律依然有效。例如，研究高速运动物体或微观领域中粒子的运动规律和相互作用时，牛顿运动定律、动量定理、动能定理等理论不再适用，但动量守恒定律仍然成立。动量守恒定律是自然界中最重要、最普遍的定律之一，大到宏观的宇宙天体，小到微观的质子、光子等，都遵循动量守恒定律。

现实生活中,动量守恒定律应用的例子很多,如碰撞、喷气式飞机飞行、火箭升空、导弹发射、航天器变轨、射击时的后坐力现象、炸弹爆炸等。定量研究动量守恒定律,在工程技术领域有着重要意义。本实验利用气垫导轨来研究两种不同情况下的一维碰撞,即用非完全弹性碰撞和完全非弹性碰撞来验证动量守恒定律,同时在实验过程中锻炼学生分析误差来源的能力。

【实验目的】

(1)观察非完全弹性碰撞和完全非弹性碰撞现象。

(2)在碰撞过程中,验证动量守恒定律,并了解机械能损失情况。

【实验仪器】

气垫导轨（L-QG-T-1500/5.8）、滑块、电脑通用计数器(MUJ-ⅡB)、电子天平、游标卡尺、气源、尼龙胶带、光电门等。

【实验原理】

由质点系动量守恒定律可知,当系统所受合外力为零时,系统的总动量保持不变,即

$$\boldsymbol{P} = \sum \boldsymbol{P}_i = 恒矢量 \qquad (4\text{-}5\text{-}1)$$

上式可写成分量形式

$$\begin{cases} \sum F_{ix} = 0 \Rightarrow P_x = \sum P_{ix} = C_1 \\ \sum F_{iy} = 0 \Rightarrow P_y = \sum P_{iy} = C_2 \\ \sum F_{iz} = 0 \Rightarrow P_z = \sum P_{iz} = C_3 \end{cases} \qquad (4\text{-}5\text{-}2)$$

式中,C_1、C_2 和 C_3 为恒量。由式(4-5-2)可知,在某些情况下,虽然整个系统所受合外力不为零,但在某一方向上合外力的分矢量为零,虽然系统总动量不守恒,但在该方向上系统分动量是守恒的。

如图 4-5-1 所示,滑块 1 和滑块 2 在水平导轨上沿水平方向发生对心碰撞。碰撞前两滑块的速度分别为 v_{10} 和 v_{20},碰撞后速度变为 v_1 和 v_2。在碰撞瞬间,滑块 1 和滑块 2 之间的相互作用力远大于滑块在水平方向受到的空气阻力,故空气对滑块的黏滞阻力可以忽

略,即可认为滑块 1 和滑块 2 组成的系统在水平运动方向(沿导轨方向)所受合外力为零。根据动量守恒定律有

$$m_1 \boldsymbol{v}_{10} + m_2 \boldsymbol{v}_{20} = m_1 \boldsymbol{v}_1 + m_2 \boldsymbol{v}_2 \qquad (4\text{-}5\text{-}3)$$

由于碰撞前后滑块的速度方向都是沿导轨方向,因此,式(4-5-3)可以写成分量形式

$$m_1 v_{10} + m_2 v_{20} = m_1 v_1 + m_2 v_2 \qquad (4\text{-}5\text{-}4)$$

式(4-5-4)中,速度为代数量,正负号根据速度方向及选定坐标轴的正方向来确定。

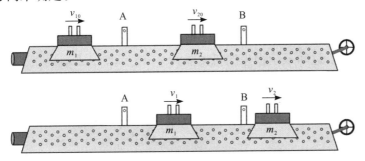

图 4-5-1 碰撞实验

通过对碰撞前后速度变化规律的研究,牛顿总结出碰撞定律:碰撞后两球的分离速度 $v_2 - v_1$ 与碰撞前的接近速度 $v_{10} - v_{20}$ 成正比,比值称为恢复系数 e,e 由两球的材质决定,公式如下

$$e = \frac{v_2 - v_1}{v_{10} - v_{20}} \qquad (4\text{-}5\text{-}5)$$

当 $e=1$ 时,碰撞后的分离速度等于碰撞前的接近速度,可以证明这种情况下系统的机械能守恒,即没有机械能损失,称为完全弹性碰撞,这是一种理想状态。$e=0$ 时,碰撞后两物体以相同的速度运动,这种情况下系统的机械能损失最大,称为完全非弹性碰撞。$0<e<1$ 时,碰撞后两物体的分离速度小于碰撞前的接近速度,这种情况下系统存在机械能损失,但损失的机械能小于完全非弹性碰撞,称为非完全弹性碰撞。滑块上安装的碰撞弹簧虽然可以显著降低碰撞时的能量损失,但是无法做到完全没有能量损失,故在实验中,e 一般不可能为 1。因此,在本实验中,无法实现完全弹性碰撞。

1. 非完全弹性碰撞

取大小两个滑块 m_1 和 m_2($m_1 > m_2$),将 m_2 放置在光电门 A、B

之间。为了降低实验操作的复杂程度,让 m_2 的初速度为零,即 $v_{20}=0$。将 m_1 放置在光电门 A 的左侧,推动 m_1,使它获得一个初速度 v_{10} 并撞向 m_2,则碰撞前系统动量为 $P_{前}=m_1 v_{10}$。碰撞后 m_1 和 m_2 的速度分别为 v_1 和 v_2,则碰撞后系统动量为 $P_{后}=m_1 v_1+m_2 v_2$,碰撞前后系统动量之比为

$$C_1 = P_{后}/P_{前} \tag{4-5-6}$$

根据动量守恒定律,应有 $C_1=1$。

恢复系数为

$$e = \frac{v_2 - v_1}{v_{10}} \tag{4-5-7}$$

碰撞前后,运动系统损失的机械能为

$$\Delta E = \frac{1}{2}m_1 v_{10}^2 - \frac{1}{2}(m_1 v_1^2 + m_2 v_2^2)$$

$$= \frac{1}{2}(1-e^2)\frac{m_1 m_2}{m_1 + m_2}v_{10}^2 \tag{4-5-8}$$

机械能损失比为

$$C_2 = \Delta E/E_{前}$$

$$= \frac{1}{2}(1-e^2)\frac{m_1 m_2}{m_1 + m_2}v_{10}^2 \bigg/ \frac{1}{2}m_1 v_{10}^2$$

$$= (1-e^2)\frac{m_2}{m_1 + m_2} \tag{4-5-9}$$

2. 完全非弹性碰撞

完全非弹性碰撞时 $e=0$,它要求碰撞后两个物体的速度相同。为满足这一要求,分别在 m_1 和 m_2 上绑定尼龙胶带。碰撞前 m_2 静置于光电门 A、B 之间,$v_{20}=0$,m_1 以初速度 v_{10} 撞向 m_2。碰撞前系统动量为 $P_{前}=m_1 v_{10}$,碰撞后两滑块黏在一起以同一速度 v_2 运动,则碰撞后系统动量为 $P_{后}=(m_1+m_2)v_2$。碰撞前后系统动量之比为

$$C_3 = P_{后}/P_{前} \tag{4-5-10}$$

根据动量守恒定律,应有 $C_3=1$。

机械能损失为

$$\Delta E = \frac{1}{2}\frac{m_1 m_2}{m_1 + m_2}v_{10}^2 \tag{4-5-11}$$

机械能损失比为

$$C_4 = \Delta E / E_前 = \frac{m_2}{m_1 + m_2} \tag{4-5-12}$$

【实验内容】

(1)将导轨接上气源,打开电源开关。将数字毫秒计与光电门连接,数字毫秒计选择"S_1 计时"档。在进行实验前,检查导轨表面有无异物,并用纱布蘸取少量酒精擦拭导轨表面,用小纸条检查导轨气孔是否堵塞。分别用游标卡尺测量两滑块 m_1 和 m_2 上的"U"形挡光片第一前沿到第二前沿的距离 d_1 和 d_2。

(2)调平导轨。调平方法参见第 4.4 节。

(3)非完全弹性碰撞。在两个滑块上安装碰撞弹簧片,并测量两滑块的质量 m_1 和 m_2。检查滑块上固定的碰撞弹簧,保证对心碰撞能够顺利完成。调节导轨上光电门 A、B 之间距离,使 A、B 两光电门之间的距离尽量小,但要保证能够按顺序测量出滑块 m_1 通过光电门 A 的速度 v_{10}($v_{10} = d_1/t_{10}$)、滑块 m_2 通过光电门 B 的速度 v_2($v_2 = d_2/t_2$)和滑块 m_1 通过光电门 B 的速度 v_1($v_1 = d_1/t_1$)。为降低操作的复杂程度,碰撞前滑块 m_2 静置于光电门 A、B 之间(即 $v_{20} = 0$),碰撞前滑块 m_1 的初速度 v_{10} 不宜过快或过慢。记录滑块在光电门的挡光时间 t_{10}、t_2 和 t_1,重复实验 5 次以上。

(4)完全非弹性碰撞。移除滑块上的碰撞弹簧,在两滑块碰撞一侧分别安装尼龙胶带,并测量滑块的质量 m_1 和 m_2。碰撞前仍将滑块 m_2 静置于光电门 A、B 之间(即 $v_{20} = 0$),碰撞前滑块 m_1 的初速度 v_{10} 不宜过快或过慢。记录碰撞前滑块经过光电门 A 的时间 t_{10} 和碰撞后经过光电门 B 的时间 t_2,重复实验 5 次以上。

【注意事项】

(1)实验中,光电门 A、B 之间的距离不宜过大,否则会导致实际测量的 v_{10} 可能不是碰撞发生前一瞬间的初速度,而 v_1 和 v_2 也可能不是碰撞后一瞬间的速度,这会把空气阻力产生的影响带入实验结果中,增大测量误差。

(2)实验中光电门 A、B 之间的距离也不能过小。如果小于两滑块的"U"形挡光片之间的最小距离,则两滑块发生碰撞时,m_1 的"U"形挡光片还没有到达光电门 A 的位置,那么记录的 t_{10} 便不是碰撞前 m_1 在光电门 A 的挡光时间,而是碰撞后在光电门 A 的挡光时间。

(3)实验中滑块 m_1 的初速度不宜过大或过小。另外,为了保证对心碰撞,应避免用手拨动滑块 m_1 直接撞击 m_2,而是反向拨动 m_1,使其与导轨左端弹簧片碰撞,反弹回来后再与 m_2 碰撞。

【实验数据记录与处理】

1. 非完全弹性碰撞

$m_1=$＿＿＿,$d_1=$＿＿＿,$m_2=$＿＿＿,$d_2=$＿＿＿。

测量序号	t_{10}(ms)	t_1(ms)	t_2(ms)	$C_1=P_{后}/P_{前}$	$C_2=\Delta E/E_{前}$	e
1						
2						
3						
4						
5						
6						

数据处理如下:

(1)分别计算出每次碰撞前后运动系统动的量之比 C_1,并判断该比值是否等于 1。

(2)分别计算出每次碰撞前后运动系统的机械能损失之比 C_2。

(3)分别计算出每次碰撞的恢复系数 e,并比较这些 e 值有何规律。

(4)对实验结果作出分析和评价。

2. 完全非弹性碰撞

$m_1=$＿＿＿,$d_1=$＿＿＿,$m_2=$＿＿＿,$d_2=$＿＿＿。

测量序号	t_{10}(ms)	t_2(ms)	$C_3 = P_{后}/P_{前}$	$C_4 = \Delta E/E_{前}$	e
1					
2					
3					
4					
5					
6					

数据处理如下：

(1)分别计算出每次碰撞前后运动系统的动量之比 C_3，并判断该比值是否等于 1。

(2)分别计算出每次碰撞前后运动系统的机械能损失之比 C_4。

(3)比较两类碰撞中机械能损失比 C_2 与 C_4 的大小关系。

(4)对实验结果作出分析和评价。

【思考题】

(1)实验中主要的误差来源有哪些？如何减小误差？

(2)如何将导轨调至水平？如果导轨未调平，滑块 1 和滑块 2 在水平方向上可能受到哪些力？对验证动量守恒定律和计算机械能损失比有何影响？

(3)试分析造成运动系统在碰撞前后总动量不相等的因素有哪些。

(4)想想还有哪些其他的方法可以验证动量守恒定律。

4.6 驻波法测振动频率

弦是指柔软均匀的细线。弦振动的现象在现实生活中很常见，如二胡、吉他等乐器都是通过弦振动发出美妙乐声的。高压电线铁塔上悬挂的电线、大跨度的桥梁等，在某种程度上也可以看作特殊的"弦"，它们的振动所带来的后果往往是严重的安全事故。对于弦振动的研究，有助于我们理解这些特殊"弦"的振动特点、机制，从而对其加以控制和利用。

驻波是一种特殊的干涉现象。两列振幅、振动方向和振动频率都相同,而传播方向相反的简谐波叠加就会形成驻波。在弦振动中,一列沿弦线传播的简谐波在弦线另一端被反射回来,与原来的波叠加,便会在弦线上形成驻波。本实验通过对一段两端固定的弦线上驻波的研究,来了解弦振动的特点和规律。

【实验目的】

(1)观察弦振动时形成的驻波。
(2)用换测法设计两种方法测量弦线上的横波波速。
(3)用换测法设计两种方法测量弦线的振动频率。
(4)设计测量弦线密度的方法。
(5)验证弦振动波长与张力关系。

【实验仪器】

电振音叉(频率约为 100 Hz)、弦线、滑轮、砝码托、砝码、钢卷尺、螺丝刀、电子天平等。

【实验原理】

图 4-6-1 所示为弦振动实验装置,主要由音叉、电磁线圈、电流断续器和变压器等部件组成。通电后,音叉在电磁线圈的磁力(策动力)吸引下发生偏移,音叉的偏移使得电流断续器的弹簧片与接触螺丝断开,回路中电流消失(策动力消失),音叉恢复到原始位置,

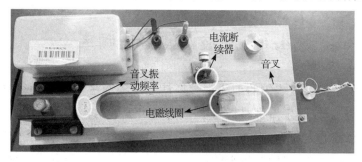

图 4-6-1　弦振动实验装置

这时,电流断续器的弹簧片与接触螺丝又接通,电流恢复,电磁线圈对音叉又产生磁力吸引,音叉又偏离原始位置,电路断开……如此反复,音叉在电磁线圈和电流断续器的共同作用下做受迫振动。通过调节电流断续器的接触螺丝,使音叉在策动力作用下产生共振。

电振音叉与绷紧的弦线相连,音叉的振动状态和能量以波的形式在弦线中传播,当波传递到弦线的另一端时,在定滑轮处被反射回来。如此一来,在弦线上便存在两列振幅相同、振动方向相同、振动频率相同而传播方向相反的波,两列波满足相干条件,叠加形成驻波。可通过改变弦线下挂砝码的质量调节弦线的张力,或通过改变音叉与定滑轮间的线长调节弦线的长度,使弦线振动达到最强,即弦线与音叉共振,这时,在弦线上可以看到稳定而剧烈的驻波,如图 4-6-2 所示。驻波中始终静止不动的点称为波节,振幅最大的点称为波腹。由于弦线的两端固定,故弦线的两端必须为波节,只有波长 λ_n 与弦线长度 L 满足一定关系时,方可在弦线上观察到稳定而剧烈的驻波,即

$$L = n\frac{\lambda_n}{2} \text{ 或 } \lambda_n = \frac{2L}{n}, n = 1, 2, 3, \cdots \qquad (4\text{-}6\text{-}1)$$

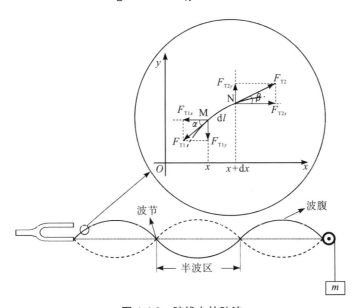

图 4-6-2　弦线上的驻波

又因波速 $u = \lambda_n \nu_n$,则弦线上驻波的频率 ν_n 应满足如下条件

$$\nu_n = n\frac{u}{2L}, n = 1, 2, 3, \cdots \tag{4-6-2}$$

上式给出在弦长 L、张力 F_T、弦线密度 ρ 都一定的情况下,可能形成稳定驻波的频率。这些频率称为弦振动的本征频率(或称简正频率),其中,$n=1$ 对应的频率称为基频,这时弦线上只有 1 个半波区,$n=2,3\cdots$ 依次称为二次谐频、三次谐频……,相应地,弦线上会出现 2 个、3 个……半波区,对应的驻波振动模式称为简正模式。

本实验中弦线两端固定,弦线在音叉的周期策动力下作受迫振动,振动频率由音叉决定,即弦线中波的频率是固定不变的(等于音叉振动频率)。由式(4-6-2)可知,通过改变弦线长度 L 和波速 n 可以改变弦振动的简正频率。当弦振动的某个简正频率与音叉振动频率接近时,将产生振幅很大的驻波,这种现象称为共振。在实验中,与音叉频率共振的简正频率既可能是基频($n=1$),也可能是二次谐频($n=2$)、三次谐频($n=3$)……

1. 弦线上横波传播速度(一)

实验中,通过调节弦线长度 L 或弦线张力 F_T 来调出驻波,如图 4-6-2 所示。若驻波的半波区个数为 n,则波长为 $\lambda_n = 2L/n$,波速可表示为

$$u = \lambda_n \nu_n = \frac{2L}{n}\nu_n \tag{4-6-3}$$

本实验中,弦线作受迫振动,波的频率为音叉振动频率,固定不变,只需测出弦长 L 和半波区个数 n,即可获得相应张力 F_T 下的波速。

2. 弦线上横波传播速度(二)

通过对弦线上波动方程的推导也可以获得波速的计算方法。在弦线上任取一微元段 MN 进行受力分析。设微元段 MN 的长度为 $\mathrm{d}l$,弦线的线密度为 ρ,则此微元段 MN 的质量 $\mathrm{d}m = \rho\mathrm{d}l$。设弦线两端 M 和 N 受到邻近段的张力分别为 F_{T1} 和 F_{T2},其方向沿弦线切线方向,与水平方向(x 轴)的夹角分别为 α 和 β,如图 4-6-2 所示。由于弦线上传递的横波在 x 方向无振动,因此,作用在微元段 MN 上张力的 x 轴分量应该为零,即

$$F_{T2}\cos\beta - F_{T1}\cos\alpha = 0 \tag{4-6-4}$$

在 y 轴方向对 MN 应用牛顿第二运动定律,可得

$$F_{T2}\sin\beta - F_{T1}\sin\alpha = \rho \mathrm{d}l \frac{\mathrm{d}^2 y}{\mathrm{d}t^2} \tag{4-6-5}$$

考虑到振动幅度相对于弦线长度而言较小,故而 α 和 β 很小,且 $\mathrm{d}l \approx \mathrm{d}x$。可近似认为 $\cos\alpha \approx 1, \cos\beta \approx 1, \sin\alpha \approx \tan\alpha, \sin\beta \approx \tan\beta$。由式 (4-6-4)可得 $F_{T1} = F_{T2} = F_T$,即弦线的张力不随时间和位置的变化 而变化,为一定值。再由导数的几何意义可知

$$\begin{cases} \sin\alpha \approx \tan\alpha = \left(\dfrac{\mathrm{d}y}{\mathrm{d}x}\right)_x \\[2mm] \sin\beta \approx \tan\beta = \left(\dfrac{\mathrm{d}y}{\mathrm{d}x}\right)_{x+\mathrm{d}x} \end{cases} \tag{4-6-6}$$

则式(4-6-5)可变形为

$$F_T \left(\frac{\mathrm{d}y}{\mathrm{d}x}\right)_{x+\mathrm{d}x} - F_T \left(\frac{\mathrm{d}y}{\mathrm{d}x}\right)_x = \rho \mathrm{d}l \frac{\mathrm{d}^2 y}{\mathrm{d}t^2} \tag{4-6-7}$$

将 $\left(\dfrac{\mathrm{d}y}{\mathrm{d}x}\right)_{x+\mathrm{d}x}$ 按泰勒级数展开并略去二级小量,带入式(4-6-7)中整理 可得

$$\frac{\mathrm{d}^2 y}{\mathrm{d}t^2} = \frac{F_T}{\rho} \frac{\mathrm{d}^2 y}{\mathrm{d}x^2} \tag{4-6-8}$$

已知简谐波的波动方程形式如下

$$\frac{\mathrm{d}^2 y}{\mathrm{d}t^2} = u^2 \frac{\mathrm{d}^2 y}{\mathrm{d}x^2} \tag{4-6-9}$$

将式(4-6-8)与式(4-6-9)相比较,可得弦线上波的传播速度为

$$u = \sqrt{\frac{F_T}{\rho}} \tag{4-6-10}$$

由此可见,不管在何种简正模式下,波速仅与弦线密度和张力有关。

3. 弦振动规律

弦线上满足式(4-6-8)的两列振幅相同、振动方向相同、振动频 率相同而传播方向相反的简谐波叠加后的驻波方程可表示为

$$y_n = \left(2A\sin\frac{2\pi x}{\lambda_n}\right)\cos 2\pi\nu_n t, n = 1,2,3,\cdots \tag{4-6-11}$$

式中,A 为弦线上每个独立传播简谐波的波幅,ν_n 为与音叉频率共 振的 n 次谐频。由上式可知驻波波幅 A_n 为 x 的函数

$$A_n = 2A\sin\frac{2\pi x}{\lambda_n} \qquad\qquad (4\text{-}6\text{-}12)$$

对于某一确定位置 x_0，当 $x_0 = 0,\lambda_n/2,\lambda_n,3\lambda_n/2,2\lambda_n,\cdots$ 时，对应的波幅为 $A_n=0$，这些点即为波节；而当 $x_0=\lambda_n/4,3\lambda_n/4,5\lambda_n/4,\cdots$ 时，对应的波幅最大，$A_n=2A$，这些点称为波腹。两端固定的弦的振动，在 $x_0=0$ 和 $x_0=L$ 处必须为波节，相邻两个波节之间的距离为半个波长，称为半波区，如图 4-6-2 所示。

将式(4-6-1)、式(4-6-2)带入式(4-6-11)中，则驻波方程还可以表示为

$$y_n = \left(2A\sin\frac{n\pi x}{L}\right)\cos\frac{n\pi u}{L}t, n = 1,2,3,\cdots \qquad (4\text{-}6\text{-}13)$$

将 $u=\lambda\nu$ 带入式(4-6-10)中，整理得

$$\lambda = \frac{1}{\nu}\sqrt{\frac{F_T}{\rho}} \qquad\qquad (4\text{-}6\text{-}14)$$

由上式可知，在频率和弦线密度不变的情况下，波长仅随张力的变化而变化。图 4-6-3 所示为在恒定频率和相同张力下改变弦长 L 获得的驻波，由图可见，在这种情况下，波长并不随 L 的变化而变化。

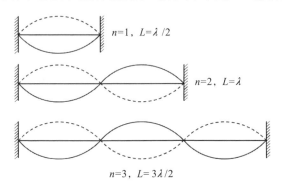

图 4-6-3　固定频率和张力下不同弦长对应的驻波

将式(4-6-3)带入式(4-6-10)中，整理得

$$\nu_n = \frac{n}{2L}\sqrt{\frac{F_T}{\rho}} \qquad\qquad (4\text{-}6\text{-}15)$$

由上式可知，在弦线密度 ρ、张力 F_T 和弦长 L 都一定的情况下，自由弦振动的频率不是唯一的，而是随着 n 的改变而改变。但在本实验中，由于弦线作受迫振动，其振动频率固定，弦线密度 ρ 不变，只有调

整弦线张力 F_T 和弦线长度 L，才能观察到驻波现象。在相同张力的情况下，由式(4-6-10)可知，波速 u 不变，则波长不变，那么半波区的个数 n 由弦长 L 决定。实验中，频率和波长并不随 n 的变化而变化。

【实验内容】

1. 观察弦上的驻波

(1)利用电子天平和卷尺测出弦线的线密度 ρ，再根据音叉的固有频率 ν，计算出弦长在 20 cm 左右。要使弦的基频与音叉共振，求弦的张力 F_T，由此计算出定滑轮下弦线所挂砝码的质量 m。

(2)根据计算结果选择合适的砝码，给电振音叉通电，调节电流断续器，使音叉振动在策动力下发生共振(注意：音叉振动不宜过强，以免发生非简谐振动)。使弦长从 20 cm 开始缓慢增加，分别调出 $n=1,2,3,4$ 时的驻波，并测出对应 R 波长 λ_n。根据测量结果分析波长 λ_n 是否随 n 变化而变化，并说明原因。

(3)改变悬挂砝码的质量 m，重复步骤(2)操作，测出波长，结合步骤(2)的结果分析波长是否随张力 F_T 的改变而改变。

2. 研究弦上横波波长与弦线张力的关系

对式(4-6-14)两边取对数，整理得

$$\ln\lambda = \ln\left(\frac{1}{\nu\sqrt{\rho}}\right) + \frac{1}{2}\ln F_T \qquad (4\text{-}6\text{-}16)$$

实验过程中，认为弦线的线密度 ρ 不变，弦线上横波的频率由音叉振动频率决定，为一定值，由此可见，$\ln\lambda$ 与 $\ln F_T$ 呈线性关系。通过改变弦线下挂砝码的质量来改变弦线张力 F_T(改变 5 次以上)，利用式(4-6-1)算出对应张力下横波的波长 λ。为减小 L 的测量误差，每个 n 值对应的简正模式分别用"推"和"拉"的方法调出，对应的弦长记为 L_p 和 L_d，弦长取两者的平均值。以 $\ln F_T$ 为横坐标，$\ln\lambda$ 为纵坐标，描点作图。用最小二乘法拟合 $\ln\lambda - \ln F_T$ 图线的纵轴截距和斜率，将计算得到的截距值与 $\ln\left(\frac{1}{\nu\sqrt{\rho}}\right)$ 的值相比较，斜率与 1/2 相比较，说明偏差是否过大，并分析偏差产生的主要原因。

3. 设计并完成相关实验内容

(1)利用弦振动测量弦线密度 ρ。

提示:在研究了弦振动的规律后,调出稳定的驻波波形,根据式(4-6-15),利用转换法来计算弦线的线密度 ρ。

(2)用转换法设计两种方法来测量波速 u。

提示:方法一,在弦线张力不变的情况下改变弦长 L,依次调出 $n=1$、2、3、4 个半波区的驻波,利用式(4-6-3)计算出对应弦线张力下的波速;方法二,利用式(4-6-10)计算出对应弦线张力下横波的波速。

(3)用转换法设计两种方法来测量弦线上横波频率 ν。

提示:方法一,利用式(4-6-15)设计实验方案,计算不同弦线张力下,不同 n 值对应的简正模式的频率,并比较算得的频率值,说明差异是否过大;方法二,利用 $\ln\lambda - \ln F_T$ 图线的纵轴截距来计算振动频率。将两种方法算得的横波频率进行比较,再与音叉的振动频率进行比较(音叉振动频率见音叉上钢印),对比差异是否过大。

想一想,还可以利用弦振动开展哪些实验内容?

【注意事项】

(1)实验中,测量不同简正模式对应的弦线长度时容易引入较大误差,在改变弦线长度时,可以分别采用"推"和"拉"的方式来调出不同半波区个数的驻波,在获得稳定而强烈的驻波后再测量弦长。

(2)音叉起振时,缓慢调节电流断续器,直到获得稳定而强烈的振动,同时要避免音叉过度振动形成非简谐振动。

【实验数据记录与处理】

1. 弦线上横波波长与弦线张力的关系

重力加速度 $g=9.795 \text{ m/s}^2$,音叉频率 $\nu_0=$_____ Hz。

砝码质量 m(g)	弦线张力 F_T(N)	$n=1$			$n=2$			$n=3$			$n=4$			$\bar{\lambda}$	$\ln F_T$	$\ln\bar{\lambda}$
		L_{1p}	L_{1d}	L_1	L_{2p}	L_{2d}	L_2	L_{3p}	L_{3d}	L_3	L_{4p}	L_{4d}	L_4			

数据处理如下：

(1)绘制出 $\ln\lambda-\ln F_T$ 线性坐标图。

(2)根据上表相关数据,使用最小二乘法得出纵轴截距和斜率,并与式(4-6-16)中的斜率和截距进行比较,观察二者之间是否存在过大的差异。

2.设计实验内容

自己设计数据记录表格,并完成数据处理。

【思考题】

(1)当弦的张力增大时,弦线密度 ρ 发生改变,对实验有什么样的影响? 在实验过程中, ρ 的变化是否能被检测到?

(2)音叉振动过度强烈对实验有何影响?

4.7 杨氏弹性模量的测定(拉伸法)

杨氏弹性模量是工程材料领域中的一个基本力学参数,它表示在弹性限度内抵抗弹性形变的能力,是选定机械构件的重要参数之一。测量材料的杨氏弹性模量的方法有拉伸法、梁弯曲法、振动法等,本实验采用静态拉伸法测定杨氏弹性模量。

【实验目的】

(1)学会测量杨氏弹性模量。

(2)理解光杠杆原理,并掌握使用光杠杆测量微小伸长量的方法。

(3)熟悉并掌握通过望远镜观察光杠杆平面镜反射直尺读数的操作方法。

【实验仪器】

杨氏弹性模量测定仪、尺度望远镜、光杠杆、螺旋测微器、游标卡尺、砝码、钢卷尺、金属丝等。

【实验原理】

任何固体材料在外力的作用下都会发生形变,当外力撤去后,物体能够完全恢复原状的形变,称为弹性形变。衡量材料的弹性,通常用"模量"这个物理参数来表述。本实验所要测量的杨氏弹性模量用来表征材料在其纵向受外力作用而产生的拉伸或压缩弹性的大小。胡克定律指出,在弹性限度内,弹性体受到的应力 F/S 和发生应变 δ/l 成正比,即

$$\frac{F}{S} = E\frac{\delta}{l} \qquad (4\text{-}7\text{-}1)$$

式中,比例系数 E 称为弹性模量,S 为材料的横截面积,l 为材料的原长,δ 为在外力 F 作用下的伸长量。E 的大小只取决于材料本身的性质,表示材料抵抗外力产生拉伸(或压缩)形变的能力。本实验测量金属丝的弹性模量,如果金属丝的直径用 d 来表示,式(4-7-1)可以改写为

$$E = \frac{4Fl}{\pi d^2 \delta} \qquad (4\text{-}7\text{-}2)$$

从式(4-7-2)中可以看出,如果想要计算出金属丝的弹性模量 E,则需测出金属丝受到的拉力 F、金属丝原长 l、金属丝直径 d 和金属丝的伸长量 δ 这四个量。在这四个量中,最难测量的是伸长量 δ,因为

δ 太小,不易准确测量,所以测量弹性模量的仪器都是围绕如何精确测量 δ 而设计的。本实验是利用杨氏弹性模量测定仪通过光杠杆放大法来测量 δ。

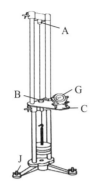

图 4-7-1　杨氏弹性模量测定仪

　　杨氏弹性模量测定仪的主体结构如图 4-7-1 所示。金属丝上端通过螺丝夹 A 固定在测定仪的横梁上,下端与悬挂砝码的方框 B 相连,方框 B 的下方挂有砝码托。调节测定仪底部的脚螺丝 J 可使测量平台 C 水平。实验中要保证方框 B 下端的金属柱刚好穿过平台 C 的圆形孔洞(不与孔壁接触)。平台 C 上放有光杠杆 G,其前足尖放在方框 B 上,而两后足尖放在平台 C 的凹槽中。光杠杆放大法测量 δ 的原理如图 4-7-2 所示。

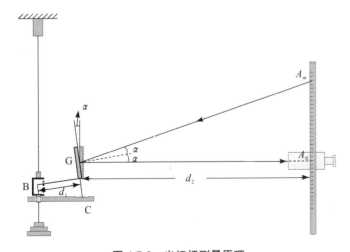

图 4-7-2　光杠杆测量原理

光杠杆前足尖到两后足尖连线的垂直距离为 d_1,直尺到光杠杆

镜面的距离为 d_2。设托盘未加砝码时,望远镜中看到直尺的读数记为 A_0,加砝码 m 后在望远镜中看到直尺的读数记为 A_m,钢丝伸长量为 δ,使光杠杆小镜发生倾斜,其倾斜角 $\alpha \approx \delta / d_1$。从望远镜中看到的 A_0 和 A_m 读数位置对光杠杆镜面的转角 $\angle A_0 G A_m = 2\alpha \approx |A_m - A_0| / d_2$。那么伸长量 δ 可以表示为

$$\delta = \frac{|A_m - A_0| d_1}{2d_2} \tag{4-7-3}$$

金属丝受到的外力 F 大小为砝码的重力 mg,将式(4-7-3)代入式(4-7-2)中,得到金属丝的弹性模量 E 的表达式为

$$E = \frac{8mgld_2}{\pi d^2 |A_m - A_0| d_1} \tag{4-7-4}$$

设 $k = |A_m - A_0| / m$,则 k 表示砝码改变单位质量时在望远镜中看到的直尺读数变化量,则式(4-7-4)可改写成

$$E = \frac{8gld_2}{\pi d^2 k d_1} \tag{4-7-5}$$

根据式(4-7-5)可以得出弹性模量 E 的标准不确定度 $u(E)$ 为

$$u(E) = E\sqrt{\left(\frac{u(l)}{l}\right)^2 + \left(\frac{u(d_2)}{d_2}\right)^2 + \left(2\frac{u(d)}{d}\right)^2 + \left(\frac{u(k)}{k}\right)^2 + \left(\frac{u(d_1)}{d_1}\right)^2}$$

$$\tag{4-7-6}$$

【实验内容】

(1)金属丝装好后,在砝码托上加上 1 个或 2 个砝码,目的是将金属丝拉直,所加砝码质量不计入 m。

(2)调节杨氏弹性模量测定仪底部角螺丝 J,使测量平台 C 水平;将光杠杆 G 前足尖放入方框 B 内,而两个后足尖放在平台 C 的凹槽中,并调节光杠杆 G,使其镜面竖直。

(3)安装并调节好望远镜尺组,从望远镜中找到光杠杆 G 平面镜反射直尺的像,并读出十字叉丝位置的读数 A_0,此时,认为金属丝下没有挂砝码,用钢卷尺测此时金属丝的原长 l。

(4)逐次增加一定质量的砝码 $m_1, m_2, m_3, \cdots$,从望远镜中读出对应直尺的读数 $A_1, A_2, A_3, \cdots$,改变砝码质量 6 次以上。然后再逐

次递减砝码$\cdots$，m_3，m_2，m_1，同时记录直尺读数$\cdots$，A'_3，A'_2，A'_1，A'_0，重复测 2 次。

（5）用钢卷尺测量出光杠杆镜面到直尺的距离d_2。

（6）用螺旋测微器分别测量金属丝的上、中、下位置的直径，并取平均值$\overline{d}$。

（7）将光杠杆缓慢取下，在白纸上压出光杠杆三个足的痕迹，用游标卡尺测量出光杠杆前足尖到两后足尖连线的垂直距离d_1。

（8）计算k值。以砝码质量m_i为横坐标，以每个m_i对应的直尺读数的平均值$\overline{A_i}$与$\overline{A_0}$差的绝对值$|\overline{A_i}-\overline{A_0}|$为纵坐标作图。用最小二乘法计算出斜率$b$值（即$k$值）及其标准偏差$s_b[u(k)]$。

【注意事项】

（1）光杠杆和望远镜属于精密仪器，操作时应细心，并避免打碎光杠杆镜片，禁止用手触摸光杠杆镜片和望远镜镜头的表面。

（2）在整个实验过程中，不可晃动光杠杆及杨氏弹性模量测定仪，否则要重新测读钢丝伸长变化。

【实验数据记录与处理】

数据记录表（一）

砝码质量	A(cm)	第 1 次		第 2 次		A平均值（cm）
		增荷	减荷	增荷	减荷	
0	A_0					
m_1	A_1					
m_2	A_2					
m_3	A_3					
m_4	A_4					
m_5	A_5					
m_6	A_6					
m_7	A_7					

数据记录表(二)

长度＼次数	1	2	3	4	5	6	平均值
l(cm)							
d(cm)							
d_1(cm)							
d_2(cm)							

其中,$g=9.795$ m/s^2。

数据处理如下:

(1)用最小二乘法计算 k 值及其标准偏差 $u(k)$。

(2)计算各直接测量量的平均值及其不确定度。

(3)根据式(4-7-5)、式(4-7-6)计算 $\overline{E}$ 和 $u(E)$。

$$\overline{E}=\frac{8g\overline{l}\cdot\overline{d_2}}{\pi\overline{d}^2k\overline{d_1}}=$$

$$u(E)$$

$$=E\sqrt{\left(\frac{u(l)}{l}\right)^2+\left(\frac{u(d_2)}{d_2}\right)^2+\left(2\frac{u(d)}{d}\right)^2+\left(\frac{u(k)}{k}\right)^2+\left(\frac{u(d_1)}{d_1}\right)^2}$$

$$=$$

结果表示为:$E=\overline{E}\pm u(E)=$

【思考题】

(1)材料相同、长度和粗细不同的两根金属丝,在外力相同的条件下,它们的伸长量是否相同? 它们的弹性模量是否相同?

(2)本实验光学系统的调节要点是什么?

(3)本实验中的若干长度量为什么要使用不同的测量工具进行测量?

4.8 刚体转动惯量的研究

转动惯量是刚体转动时惯性大小的量度,是表征刚体特征的一个物理量,其大小与刚体质量及质量分布、转轴位置有关。对于质量分布均匀、形状规则的刚体,可以通过积分方法求出它绕固定转轴的转动惯量,但对于质量分布不均匀或形状不规则的刚体,很难用积分方法计算出转动惯量,只能采用实验方法来测定。

刚体转动惯量的测定在机械、航天、航海、军工等工程技术领域和科学研究中均具有重要的意义。通常采用恒力矩转动法、扭摆法或转动法来测定刚体的转动惯量,本实验采用恒力矩转动法。

【实验目的】

(1)掌握测定刚体转动惯量的原理和方法——恒力矩转动法。

(2)通过实验观察刚体的转动惯量随其质量、质量分布和转轴位置改变而改变的规律。

(3)验证平行轴定理。

【实验仪器】

转动惯量实验仪、智能计时计数器、砝码、滑轮、圆环、圆柱、游标卡尺等。

【实验原理】

1. 转动惯量测量原理

根据刚体定轴转动的转动定律,有

$$M = J\beta \qquad (4\text{-}8\text{-}1)$$

式中,M 为作用于刚体上的合外力矩,J 为刚体对固定轴的转动惯量,β 为刚体转动时的角加速度。

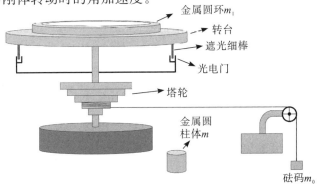

图 4-8-1　转动惯量实验装置示意图

图 4-8-1 所示为转动惯量实验装置示意图,在转动过程中,装置所受合外力矩为

$$M = TR - M_\mu \qquad (4\text{-}8\text{-}2)$$

式中,M_μ 为实验台转动时受到的摩擦阻力矩,T 为细线张力,与转轴垂直,R 为塔轮半径。当细线下方没有挂砝码,实验台仅受摩擦阻力矩作用时,有

$$M_\mu = J_1 \beta_1 \qquad (4\text{-}8\text{-}3)$$

式中,J_1 为实验台的转动惯量,β_1 为实验台做匀减速运动的角加速度。当细线下悬挂质量为 m_0 的砝码时,设转动过程中摩擦阻力矩大小不变,砝码以加速度 a 匀加速下降,则有

$$m_0 g - T = m_0 a \qquad (4\text{-}8\text{-}4)$$

假设此时实验台转动的角加速度为 β_2,则砝码下降时的加速度 $a = R\beta_2$。根据刚体转动定律,此时有

$$TR - M_\mu = J_1 \beta_2 \qquad (4\text{-}8\text{-}5)$$

式中,TR 为细线张力施加于实验台的力矩,由式(4-8-4)和式(4-8-5)得

$$m_0(g - R\beta_2)R - M_\mu = J_1 \beta_2 \qquad (4\text{-}8\text{-}6)$$

将式(4-8-3)带入式(4-8-6),可得

$$J_1 = \frac{m_0 R(g - R\beta_2)}{\beta_2 - \beta_1} \qquad (4\text{-}8\text{-}7)$$

如果在实验台上放置被测刚体,根据式(4-8-7),可得此时系统的转动惯量 J_2 为

$$J_2 = \frac{m_0 R(g - R\beta_4)}{\beta_4 - \beta_3} \qquad (4\text{-}8\text{-}8)$$

式中,β_3 与 β_4 分别为细线下方不挂砝码和挂砝码两种情况下的系统角加速度。根据转动惯量的叠加原理,被测刚体的转动惯量 J_3 为

$$J_3 = J_2 - J_1 \qquad (4\text{-}8\text{-}9)$$

由式(4-8-7)、式(4-8-8)和式(4-8-9)可知,如果测得塔轮半径 R、砝码质量 m_0 及角加速度 β_1、β_2、β_3、β_4,即可计算出被测刚体的转动惯量。

2. 角加速度的测量

实验中,角加速度 β_1、β_2、β_3、β_4 的测量误差是整个实验中误差的

主要来源,为减小角加速度的测量误差,采用智能计时计数器与光电门相结合的方法来记录实验台的转动过程中的参数。在圆形转台的直径两端各有一个遮光细棒,转台下方固定有光电门,转台每转动半周,遮光细棒经过光电门挡一次光,智能计时计数器记录相应的遮挡次数和时间。对于匀变速转动,设初始角速度为 ω_0,从第 1 次遮光($n=0,t=0$)开始计数、计时,对应任意两组数据(n_i,t_i)和(n_j,t_j),相应的角位移 θ_i 和 θ_j 分别为

$$\theta_i = n_i\pi = \omega_0 t_i + \frac{1}{2}\beta t_i^2 \qquad (4\text{-}8\text{-}10)$$

$$\theta_j = n_j\pi = \omega_0 t_j + \frac{1}{2}\beta t_j^2 \qquad (4\text{-}8\text{-}11)$$

将式(4-8-10)、式(4-8-11)联立消去 ω_0,可得

$$\beta = \frac{2\pi(n_j t_i - n_i t_j)}{t_j^2 t_i - t_i^2 t_j} \qquad (4\text{-}8\text{-}12)$$

3. 平行轴定理

刚体对某轴的转动惯量等于刚体对过质心且与该轴平行的轴的转动惯量 J_0 与刚体质量 m 和两轴间距 l 的平方积之和,即

$$J = J_0 + ml^2 \qquad (4\text{-}8\text{-}13)$$

【实验内容】

1. 安装并调整实验装置

将光电门与智能计时计数器连接,调节实验台,使其保持水平,将定滑轮调节至与绕线的塔轮槽等高。

2. 测量必要的物理量

测量砝码质量 m_0、金属圆柱体质量 m、金属圆环质量 m_1、绕线塔轮槽的直径 D、金属圆柱体的直径 d、金属圆环的内径 $d_内$ 和外径 $d_外$。

3. 测量并计算实验台的转动惯量 J_1

(1)测量不挂砝码时系统匀减速转动的角加速度 β_1。

①在智能计时计数器界面选择"计时 1—2 多脉冲"。

②根据光电门的线路连接来选择通道 A 或通道 B。

③用手轻轻拨动载物台,使载物台转动。

④按确认键进行测量,在转台转动 10 圈后按确认键停止测量。

⑤查阅智能计时计数器记录的前 8 组数据,并根据式(4-8-12)计算 β_1 值。

(2)测量挂砝码时系统匀加速转动的角加速度 β_2。

①选择合适直径 D 的塔轮槽及砝码质量 m_0,将一头细线打结后塞入塔轮槽边缘上开的细缝,不重叠地密绕在所选定的塔轮槽中。细线的另一头通过滑轮后下挂砝码 m_0,用手按住转台使其保持静止。

②松开手,重复步骤(1)中③、④操作。

③查阅智能计时计数器记录的前 8 组数据,并根据式(4-8-12)计算 β_2 值。

(3)由式(4-8-7)即可算出实验台的 J_1 值。

4. 测量金属圆环的转动惯量 J_3,并计算相对误差

将待测圆环放到转台上,按照前面的实验步骤,分别测量加砝码前后的角加速度 β_3 和 β_4,由式(4-8-8)求出 J_2 的值,再由式(4-8-9)求出圆环的转动惯量 J_3。

5. 验证平行轴定理

(1)在转台上插入金属圆柱体,圆柱体中心与中心轴相距 l(可选 45 mm、60 mm、75 mm、90 mm 和 105 mm),并按照前面同样的操作分别测量加砝码前后系统转动的角加速度 β'_3 和 β'_4,由式(4-8-8)求出 J'_2 的值,则金属圆柱体的转动惯量 $J'_3 = J'_2 - J_1$。

(2)根据平行轴定理计算金属圆柱体的转动惯量 $J = \frac{1}{4}md^2 + ml^2$。

(3)比较实验测量值 J'_3 与理论计算值 J,判断平行轴定理是否得到验证。

【注意事项】

(1)取放和安装待测刚体时要小心,不得摔碰。

(2)转动实验台时转速不可太大,以免把被测样品甩出实验台而跌落到地面上。

（3）计数器通道选择要与光电门电路连接相对应。

【实验数据记录与处理】

1. 测量实验台的转动惯量 J_1

$D=$ _____ mm, $m_0=$ _____ g。

匀减速转动				匀加速转动				
n	1	2	3	4	n	1	2	3	4
$t(\text{s})$					$t(\text{s})$				
n	5	6	7	8	n	5	6	7	8
$t(\text{s})$					$t(\text{s})$				
$\beta_1(1/\text{s}^2)$					$\beta_2(1/\text{s}^2)$				

数据处理如下：

（1）将记录的 8 组数据分成 4 组，分别为 $(n=1,n=5)$、$(n=2,n=6)$、$(n=3,n=7)$ 和 $(n=4,n=8)$，代入式（4-8-12）中，算出 4 个 β_1 和 4 个 β_2 值，并计算出 $\bar{\beta}_1$ 和 $\bar{\beta}_2$。

（2）由式（4-8-7）计算出 J_1。

$$J_1=\frac{m_0R(g-R\bar{\beta}_2)}{\bar{\beta}_2-\bar{\beta}_1}=$$

2. 测量圆环的转动惯量 J_3

$D=$ _____ mm, $m_1=$ _____ g, $m_0=$ _____ g, $d_{外}=$ _____ mm, $d_{内}=$ _____ mm。

匀减速转动				匀加速转动				
n	1	2	3	4	n	1	2	3	4
$t(\text{s})$					$t(\text{s})$				
n	5	6	7	8	n	5	6	7	8
$t(\text{s})$					$t(\text{s})$				
$\beta_3(1/\text{s}^2)$					$\beta_4(1/\text{s}^2)$				

数据处理如下：

（1）将记录的 8 组数据分成 4 组，分别为 $(n=1,n=5)$、$(n=2,n=6)$、$(n=3,n=7)$ 和 $(n=4,n=8)$，代入式（4-8-12）中，算出 4 个 β_3

和 4 个 β_4 值,并计算出 $\overline{\beta}_3$ 和 $\overline{\beta}_4$。

(2)由式(4-8-8)计算出 J_2,再由式(4-8-9)算出 J_3。

$$J_2 = \frac{m_0 R(g - R\overline{\beta}_4)}{\overline{\beta}_4 - \overline{\beta}_3} =$$

$$J_3 = J_2 - J_1 =$$

(3)根据理论公式计算刚体圆环的转动惯量。

$$J = \frac{m_1}{8}(d_{外}^2 - d_{内}^2) =$$

测量值与理论值的相对偏差:

$$E = \frac{J_3 - J}{J} \times 100\%$$

3. 验证平行轴定理

$D =$ _____ mm,$m_0 =$ _____ g,$d =$ _____ mm,$m =$ _____ g,$l =$ _____ mm。

匀减速转动					匀加速转动				
n	1	2	3	4	n	1	2	3	4
$t(\mathrm{s})$					$t(\mathrm{s})$				
n	5	6	7	8	n	5	6	7	8
$t(\mathrm{s})$					$t(\mathrm{s})$				
$\beta'_3(1/\mathrm{s}^2)$					$\beta'_4(1/\mathrm{s}^2)$				

数据处理如下:

(1)将记录的 8 组数据分成 4 组,分别为($n=1$,$n=5$)、($n=2$,$n=6$)、($n=3$,$n=7$)和($n=4$,$n=8$),代入式(4-8-12)中,算出 4 个 β'_3 和 4 个 β'_4 值,并计算出 $\overline{\beta'}_3$ 和 $\overline{\beta'}_4$。

(2)由式(4-8-8)计算出 J'_2,再由式(4-8-9)计算出 J'_3。

$$J'_2 = \frac{m_0 R(g - R\overline{\beta'}_4)}{\overline{\beta'}_4 - \overline{\beta'}_3} =$$

$$J'_3 = J'_2 - J_1 =$$

(3)根据平行轴定理计算金属圆柱体的转动惯量。

$$J = \frac{1}{4}md^2 + ml^2 =$$

测量值与利用平行轴定理计算出的理论值的相对偏差：

$$E = \frac{J'_3 - J}{J} \times 100\% =$$

【思考题】

(1)刚体的转动惯量与哪些因素有关？

(2)如何测量任意形状的刚体绕特定轴的转动惯量？

(3)理论分析表明,同一待测刚体的转动惯量不会随转动力矩的变化而变化。选择不同的砝码和塔轮半径进行组合,形成不同的力矩,验证不同实验条件下的转动惯量,并与理论值比较,分析原因,找出规律,探索最佳的实验条件。

4.9 金属线膨胀系数的测量

【实验目的】

(1)学习利用光杠杆放大法测量金属线膨胀系数的方法。

(2)进一步掌握通过望远镜观察光杠杆平面镜反射直尺读数的操作方法。

(3)进一步熟悉利用光杠杆与尺度望远镜组合测量微小长度变化量的方法。

【实验仪器】

线膨胀系数测量装置、望远镜尺组、光杠杆、游标卡尺、钢卷尺、温度计、蒸汽发生器和待测金属棒。

【实验原理】

通常情况下,当物体温度升高时,物体内部分子运动加剧,分子间的平均距离增大,使物体发生膨胀。由于热膨胀而导致物体在一维方向上长度发生变化的现象,叫作物体的线膨胀。实验表明,在一定温度范围内,物体受热后,其伸长量 Δl、原长 l_0 和温度增量 Δt

三者有如下近似关系

$$\Delta l \approx \alpha l_0 \Delta t \qquad (4\text{-}9\text{-}1)$$

式中,α 为线膨胀系数,表示物体在某温度范围内,物体温度每升高 1 ℃时的相对伸长量。α 的大小与材料有关,单位为℃$^{-1}$。

设物体在初始温度 t_0(单位为℃)时的长度为 l_0,当温度升到 t_i 时,其长度增加 Δl,根据式(4-9-1),可得

$$\alpha = \frac{\Delta l}{l_0(t_i - t_0)} \qquad (4\text{-}9\text{-}2)$$

测量线膨胀系数的难点在于对温度变化引起的长度微小变化量 Δl 的准确测量。本实验利用光杠杆放大法来测量 Δl,实验时将待测金属棒直立在线膨胀系数测定装置的加热器中,金属棒的下端立在固定的金属底座上。光杠杆的前足尖放置于金属棒的上端,两后足尖放置于固定的平台上,实验装置如图 4-9-1 所示。

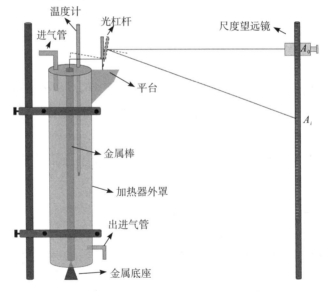

图 4-9-1 金属线膨胀系数测量装置示意图

当装置中的初始温度为 t_0 时,从尺度望远镜中读出光杠杆平面镜反射的直尺读数,记为 A_0;通过进气管将蒸汽发生器中的热蒸汽引入加热器中,对金属棒加热,当装置中的温度升至 t_i 时,从望远镜中观察到直尺读数 A_i。根据光杠杆放大规律(参见第 4.7 节杨氏弹性模量的测定),得到金属棒的伸长量为

$$\Delta l = \frac{(A_i - A_0)d_1}{2d_2} \tag{4-9-3}$$

式中，d_1 为光杠杆前足尖到两后足尖连线的垂直距离，d_2 为光杠杆平面镜到直尺的距离。将式(4-9-3)带入式(4-9-2)中，则得到线膨胀系数的表达式为

$$\alpha = \frac{(A_i - A_0)d_1}{2d_2 l_0 (t_i - t_0)} \tag{4-9-4}$$

实验中，随着热蒸汽持续通入加热器中，铜棒的温度 t_i 不断升高，同时望远镜中的读数 A_i 也随之变化，由式(4-9-4)可以得到 A_i 随 Δt_i ($\Delta t_i = t_i - t_0$)变化的表达式

$$A_i = A_0 + \frac{2d_2 l_0 \alpha}{d_1}\Delta t_i \tag{4-9-5}$$

从式(4-9-5)中可以看出，随着温度升高，望远镜中的直尺读数 A_i 与温度变化量 Δt_i 呈线性关系，设斜率为 k，则 k 与线膨胀系数 α 有如下关系

$$k = \frac{2d_2 l_0 \alpha}{d_1}$$

即

$$\alpha = \frac{kd_1}{2d_2 l_0} \tag{4-9-6}$$

【实验内容】

(1)测量金属棒的原长 l_0。

(2)依次将金属棒、温度计插入加热器中，并接上进气管和出气管。温度计的水银泡与金属棒的中点位置平齐，金属棒的下端应立在金属底座上。

(3)光杠杆的前足尖放置于金属棒的上端，两后足尖放置于固定的平台上。调节尺度望远镜，直到能够清晰地看到直尺在光杠杆平面镜中的像。

(4)记录室温下望远镜中叉丝所对应的直尺读数 A_0 和室温 t_0。

(5)保持实验装置稳定。蒸汽发生器通电，待蒸汽陆续进入加热器。当温度计显示的温度开始升高时，每间隔 10℃ 记录一次望远

镜中的直尺读数 A_i 和温度 t_i，直到温度稳定不再上升为止。

（6）停止加热，先用钢卷尺测量 d_2，再取下光杠杆，用游标卡尺测量前、后足尖之间的垂直距离 d_1。

（7）作 $A_i - \Delta t_i$ 图，用最小二乘法计算斜率 k 和标准偏差 $s_b[u(k)]$，再根据式(4-9-6)计算 α。

【注意事项】

（1）加热器外壁为玻璃，不可固定太紧，以免受热膨胀后炸裂。

（2）光杠杆及望远镜尺组的位置调节好后，在实验过程中不可再移动，否则实验需重新做。

（3）金属棒下端务必置于固定金属底座上，以免受热向下伸长，造成测量偏差。

（4）温度计水银泡的位置不能过高，也不能过低。

【实验数据记录与处理】

数据记录表（一）

测量次数	1	2	3	4	5	6
l_0(cm)						
d_1(cm)						
d_2(cm)						

数据记录表（二）

望远镜读数	A_0	A_1	A_2	A_3	A_4	A_5	A_6	A_7
温度	t_0	t_1	t_2	t_3	t_4	t_5	t_6	t_7

数据处理如下：

（1）计算 l_0、d_1 和 d_2 的平均值 $\bar{l}_0$、$\bar{d}_1$、$\bar{d}_2$，并计算其对应的不确定度。

（2）描点作 $A_i - \Delta t_i$ 图，并用最小二乘法计算斜率 k 和标准偏差

$s_b[u(k)]$。

(3)由式(4-9-6)计算金属线膨胀系数 α 及其不确定度。

$$\bar{\alpha}=\frac{k\bar{d}_1}{2\bar{d}_2\bar{l}_0}= \hspace{4cm} u(\alpha)=$$

结果表示为

$$\alpha=\bar{\alpha}\pm u(\alpha)=$$

【思考题】

(1)两根粗细和长度不同、材料相同的金属棒,在相同的温度变化范围内,其线膨胀系数是否相同?

(2)调节光杠杆系统的顺序是什么?

4.10 混合量热法测量金属比热容

比热容是表征物质特性的一个重要参数,在研究物质结构、确定相变、鉴定物质纯度等方面起着重要作用。测量物质的比热容属于量热学范畴,测量物质比热容的方法主要有冷却法、混合法、比较法等,本实验采用混合法。

【实验目的】

(1)掌握混合量热法的基本原理和步骤。

(2)测定金属的比热容。

【实验仪器】

量热器、温度计、电子天平、秒表、电水壶、小量筒和铝块。

【实验原理】

温度不同的物体相接触后,热量将自动从高温物体传递到低温物体,最后系统达到热平衡。如果在热交换过程中热量没有散失,根据热平衡原理,高温物体放出的热量等于低温物体所吸收的热量。本实验基于热平衡原理,采用混合法来测定固体的比热容。

实验中,低温物体为冷水、盛冷水的量热器内筒(含搅拌器)及温度计(浸入水中的部分),高温物体为加热后的铝块。把质量为 m、温度为 T_2 的铝块快速放入盛有冷水(质量 $m_水$、温度 T_1)的量热器内筒中,根据热平衡原理,得到

$$mc(T_2 - T) = (m_水 c_水 + m_1 c_1 + C')(T - T_1) \quad (4\text{-}10\text{-}1)$$

式中,T 为混合后系统热平衡时的温度,$c_水$ 为水的比热容,m_1 为相同材质(铜)制成的量热器内筒和搅拌器的质量,c_1 为量热器内筒(铜)的比热容,C' 为温度计浸在水中部分的热容。温度计浸入水中的部分主要是水银泡的体积,每立方厘米水银的热容约为 $1.89 \, \text{J} \cdot \text{cm}^{-3} \cdot {}^{\circ}\text{C}^{-1}$,每立方厘米玻璃的热容为 $2.14 \, \text{J} \cdot \text{cm}^{-3} \cdot {}^{\circ}\text{C}^{-1}$。两者的热容较为接近,且水银泡的体积主要是水银的体积,故温度计浸入水中部分的单位体积热容可近似取 $1.9 \, \text{J} \cdot \text{cm}^{-3} \cdot {}^{\circ}\text{C}^{-1}$,则 C' 的值表示为

$$\{C'\}_{\text{J} \cdot \text{K}^{-1}} = 1.9 \{V\}_{\text{cm}^3} \quad (4\text{-}10\text{-}2)$$

式中,V 为温度计浸入水中的体积(单位:cm^3),由式(4-10-1)和式(4-10-2)可得,金属比热容的表达式为

$$c = \frac{(m_水 c_水 + m_1 c_1 + 1.9V)(T - T_1)}{m(T_2 - T)} \quad (4\text{-}10\text{-}3)$$

实验过程中,除了铝块与冷水发生热交换外,其他的热交换方式主要有三种:第一种,金属在放入量热器的过程中,不可避免地存在热量散失,因此应快速将铝块放入冷水中;第二种,量热器内筒外壁附着的水蒸发要吸收一定的热量,故而要用纸巾尽量快速地将外壁水擦干;第三种,量热器本身与外界存在热交换。由于量热器不可能完全阻断与外界的热交换,所以整个系统在实验过程中一直存在热交换,混合前吸热,混合后放热。这导致用温度计测量混合前冷水初温和混合后热平衡的温度存在较大误差,可用图 4-10-1 所示的图解法对其进行修正。

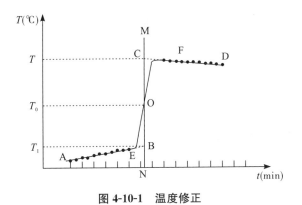

图 4-10-1　温度修正

首先将实验数据绘制成温度－时间曲线,E、F 点的温度 T_E、T_F 分别为用温度计测得的混合前冷水初温和混合后热平衡的温度。在温度－时间曲线的快速升温段找到室温 T_0 点(O 点),过 O 点做平行于纵轴的直线 MN。温度－时间曲线的升温段 AE 和降温段 FD 的延长线与 MN 分别交于 B、C 两点。B、C 两点对应的温度 T_1 和 T 为修正后的混合前冷水初温和混合后热平衡的温度。

【实验内容】

(1)用天平称量出铝块的质量 m、量热器内筒和搅拌器的质量 m_1。

(2)向量热器内筒装入适量的冷水,称量出量热器内筒(包括搅拌器)及水的总质量后,减去内筒和搅拌器的质量 m_1,得到的便是水的质量 $m_水$。

(3)盖好胶木盖,轻轻搅动搅拌器,适时开始每隔 30 s 记录一次温度,持续 5～10 min。

(4)将铝块从沸水中取出(铝块温度 t_2 与沸水温度相同),快速放入量热器的内筒中,盖好胶木盖,并上下轻轻搅动搅拌器,每隔 30 s 记录一次温度,持续 5～10 min。

(5)用小量筒测量温度计浸在水中的体积 V,单位为立方厘米。

(6)绘制温度－时间曲线图,得到修正后的系统初温 T_1 和混合后的热平衡温度 T,计算铝块的比热容及其相对于理论参考值的相对误差。

铝的比热容理论参考值为 0.904×10^3 J·kg^{-1}·℃$^{-1}$,水的比热容为 4.187×10^3 J·kg^{-1}·℃$^{-1}$,量热器内筒(含搅拌器)的材料为铜,比热容为 0.385×10^3 J·kg^{-1}·℃$^{-1}$。

【注意事项】

(1)读取温度计数值时,应平视水银柱顶端。

(2)金属块放入量热器的动作要快速,但不能将水溅出或砸碎温度计水银泡。

(3)温度计水银泡应避免接触铝块。

(4)搅动搅拌器的动作幅度不能过大,防止水溅出或碰碎温度计水银泡。

【实验数据记录与处理】

数据记录表(一)

升温	时间 t(s)	0	30	60	90	120	150	180	210	240	270	300
	温度 T(℃)											
降温	时间 t(s)	0	30	60	90	120	150	180	210	240	270	300
	温度 T(℃)											

数据记录表(二)

m(g)	m_1(g)	$m_水$(g)	T_2(℃)	T_1(℃)	T(℃)	V(cm^3)

数据处理如下:

(1)用数据记录表(一)中的数据描点作图,绘制温度—时间曲线。

(2)通过图解法从温度—时间曲线中提取修正后的混合前冷水初温 T_1 和混合后热平衡的温度 T。

(3)由式(4-10-3)计算铝块的比热容。

$$c = \frac{(m_水 c_水 + m_1 c_1 + 1.9V)(T - T_1)}{m(T_2 - T)} =$$

相对误差:$E = \dfrac{c - c_{理论}}{c_{理论}} \times 100\% =$

【思考题】

(1)如果将金属块缓慢放入量热器内,对实验结果有何影响?

(2)实验过程中为什么要搅拌?

(3)正常操作下测得铝块的比热容是偏大还是偏小? 为什么?

4.11　液体表面张力系数的测定

液体表面张力是液体的一个重要性质,在工业、农业、生物、医学、物理、化学等领域均有着重要的应用。测定液体表面张力系数的方法主要有拉脱法、毛细上升法和液滴测重法等,本实验采用拉脱法测量纯净水的表面张力系数。

【实验目的】

(1)学会用拉脱法测定液体的表面张力系数。

(2)学习焦利秤的使用方法。

【实验仪器】

焦利秤、砝码、金属框、烧杯、游标卡尺、螺旋测微器、纯净水、温度计等。

【实验原理】

在液体表面附近一薄层内,分子间距大于液体内部分子间距,分子间作用力表现为引力,且较内部明显增强。液体表面分子间这一作用力表现为使液体表面积减小,这种作用力称为液体表面张力。为定量地衡量液体表面张力的大小,引入液体表面张力系数 α,它表示液体表面单位长度线段两侧的张力大小。假设在液体表面取一长为 l 的线段,则在该线段两侧的表面张力方向垂直于该线段,两侧张力 f 的大小可表示为

$$f = \alpha l \qquad\qquad (4\text{-}11\text{-}1)$$

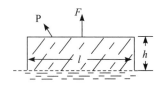

图 4-11-1 拉脱法原理示意图

表面张力系数 α 与液体的种类、纯度以及温度有关，一般温度升高时，α 值变小。本实验采用拉脱法测量 α 值，其原理如图 4-11-1 所示。实验中将"▭"形金属框 P 浸入水中后，再缓慢地将其拉出水面，金属框中形成水膜，当水膜即将破裂时，有

$$F = W + 2\alpha l + \rho g l h d \qquad (4\text{-}11\text{-}2)$$

式中，F 为金属框受到的向上的拉力，W 为金属框所受重力和浮力之差，$2\alpha l$ 为液面张力（水膜有前后两面），$\rho g l h d$ 为水膜重量，其中，l 为水膜长度，d 为水膜厚度，h 为拉起水膜的高度，ρ 为水的密度，g 为重力加速度。根据式(4-11-2)可得液体表面的张力系数

$$\alpha = \frac{F - W - \rho g l h d}{2l} \qquad (4\text{-}11\text{-}3)$$

式中，$(F-W)$ 不能直接测量，需要使用焦利秤来间接测量得到。

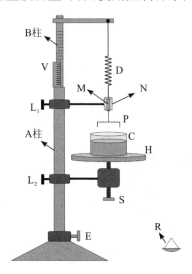

图 4-11-2 焦利秤装置示意图

焦利秤装置如图 4-11-2 所示。弹簧 D 下挂小镜 M 并悬于玻璃圆筒 N 中，小镜 M 中央有一条黑色横线，玻璃圆筒 N 中央也有一条黑色横线。焦利秤读数是通过调节旋钮 E 来抬升或降低 B 柱，在 M 的黑线、

N 的黑线以及 M 中 N 黑线的像三者重合时,从游标 V 上读取数值。

【实验内容】

(1)调整焦利秤。调节焦利秤底脚螺丝,使焦利秤的 A、B 柱竖直,并使自然下垂的弹簧 D 与 A、B 柱平行。调节螺丝 L_4,水平移动玻璃圆筒 N,使弹簧下挂的小镜 M 悬于 N 的中央但不与 N 接触。将砝码托盘 R 挂到小镜 M 下方。整个实验过程要保持焦利秤稳定。

(2)测量弹簧的劲度系数 k。托盘上放入 0.500 g 砝码,旋转 E 调节小镜 M 的竖直高度,使 M 的黑线、N 的黑线以及 M 中 N 黑线的像三者重合(该位置称为 G 零点),记录游标 V 上的读数 l_1。依次增加 0.500 g 砝码到砝码托盘 R 中,并调节到 G 零点,依次记录 V 上的读数 l_i,直至加到 3.000 g。然后,逐次递减砝码至零,依次记录 V 上读数 l'_i。根据测量结果利用分组求差法计算弹簧劲度系数 k 值。

(3)测量 $(F-W)$ 和 h。

①将小镜 M 下的砝码托盘 R 取下,换上金属框 P。旋转 E 和 S,降低 P、抬升烧杯托盘 H,使 P 完全浸没到纯净水中,同时保证三线重合(G 零点位置不变)。继续用两只手配合调节 E 和 S,使金属框 P 的上边缘恰好与水面相平,在这个过程中要保持 G 零点位置不动。记下此时游标 V 的读数 L_1,并用游标卡尺记下此时旋钮 S 的位置 s_1。

②继续转动 E 和 S(保持 G 零点不动),直至水膜破裂,记下旋钮的位置 s_2 和游标 V 的读数 L_2,则有

$$F-W=k|L_2-L_1|=k\Delta L$$

水膜拉断时的高度 h,对应 s_2 和 s_1 之差,即 $h=|s_2-s_1|$。

③重复上述测量 5 次以上,取平均值。

(4)测量水膜长度 l 及厚度(金属框细丝的直径)d,重复测量 5 次以上,取平均值。

(5)计算水的表面张力系数 α 及标准不确定度 $u(\alpha)$。

【注意事项】

(1)焦利秤弹簧是精密器材,禁止施加超出其弹性限度的拉力,

防止发生永久形变。

(2)拉水膜时动作要轻缓,避免晃动。

(3)测量时一定要保证"三线重合"。

(4)测量时小镜 M 不能与玻璃圆筒 N 有摩擦。

【实验数据记录与处理】

1. 测量弹簧劲度系数 k

测量次序	1	2	3	4	5	6
砝码质量 m_i(g)	0.500	1.000	1.500	2.000	2.500	3.000
增加砝码 l_i(mm)						
减少砝码 l'_i(mm)						
平均值 $\bar{l}_i$(mm)						

数据处理如下:

(1)计算各直接测量量的平均值。

(2)用分组求差法求弹簧劲度系数。

$$k = \frac{0.500 \times 10^{-3} \times g}{\frac{1}{3} \cdot \sum_{i=1}^{3}(\bar{l}_{i+3} - \bar{l}_i)} =$$

2. 测量纯净水的表面张力系数 α

测量次数	1	2	3	4	5	6	平均值
l(mm)							
d(mm)							
s_1(mm)							
s_2(mm)							
$h=\|s_2-s_1\|$(mm)							
L_1(mm)							
L_2(mm)							
$\Delta L=\|L_2-L_1\|$(mm)							

数据处理如下:

(1)将多次测得的测量结果取平均值,并算出 h 和 ΔL 的平均值

$\overline{h}$ 和 $\overline{\Delta L}$。

(2)根据式(4-11-3)计算表面张力系数及其不确定度。

$$\overline{\alpha}=\frac{F-W-\rho glhd}{2l}=\frac{k\,\overline{\Delta L}-\rho g\,\overline{ldh}}{2l}=$$

$$u(\alpha)=$$

结果表示为

$$\alpha=\overline{\alpha}\pm u(\alpha)=$$

【思考题】

(1)液体的表面张力是怎样形成的?

(2)液体的表面张力与哪些因素有关?

(3)"三线重合"是指哪三条线? 为什么要求"三线重合"后才能读数?

4.12 热敏电阻的温度特性研究

热敏电阻是一种半导体电阻,其主要特点是电阻值对温度变化非常敏感。热敏电阻在自动控制、测温技术和遥控技术等诸多领域中均有广泛的应用。热敏电阻的温度特性主要由温度系数来表示,而温度系数又分为正温度系数和负温度系数两种。本实验利用惠斯通电桥研究热敏电阻的温度特性。

【实验目的】

(1)研究热敏电阻的温度特性。

(2)掌握惠斯通电桥测电阻的基本原理。

(3)掌握热敏电阻温度系数的数据处理方法。

【实验仪器】

热敏电阻、DHT-2 型多功能恒温控制组合仪、惠斯通电桥仪(QJ23 型箱式电桥)、万用表等。

【实验原理】

1. 半导体热敏电阻温度特性原理

实验指出,半导体的电阻率 ρ 在某一温度范围内与绝对温度 T 满足

$$\rho = A_1 e^{B/T} \tag{4-12-1}$$

式中,A_1 和 B 是与材料性质相关的常数。热敏电阻的电阻值 R_T 可以表示为

$$R_T = \rho \frac{l}{S} \tag{4-12-2}$$

式中,l 为热敏电阻中两电极之间的距离,S 为热敏电阻的横截面积。将式(4-12-1)代入式(4-12-2)中,并令 $A = A_1 l/S$,可以得到

$$R_T = Ae^{B/T} \tag{4-12-3}$$

对于一定的热敏电阻,式(4-12-3)中的 A 和 B 均为定值。将式(4-12-3)两边取对数,可得

$$\ln R_T = \frac{B}{T} + \ln A \tag{4-12-4}$$

式(4-12-4)表明,$\ln R_T$ 与 $1/T$ 呈简单的线性关系。测量不同温度 T 下的电阻值 R_T,分别计算 $1/T$ 和 $\ln R_T$ 的值,再以 $1/T$ 为横坐标,$\ln R_T$ 为纵坐标作曲线,验证 $\ln R_T$ 与 $\dfrac{1}{T}$ 是否呈线性关系。用最小二乘法拟合曲线的斜率和截距,求出 A 和 B 的值,最后将 A 和 B 的值再代入式(4-12-3)中,即可得到热敏电阻的电阻值 R_T 与温度 T 的变化关系。

2. 惠斯通电桥原理

图 4-12-1 所示为惠斯通电桥测电阻的电路示意图。图 4-12-1 中,将 R_1、R_2、R_0 和 R_x 四个电阻首尾相连,构成一个四边形 ABCD,称为惠斯通电桥的四个臂,其中,R_x 为待测热敏电阻(即 R_T),R_0 为可变电阻。在四边形 ABCD 两顶点 A、C 之间接有直流电源 E 和开关 K,而另两个顶点 B、D 间接入检流计 G,这样的电路称为惠斯通电桥。闭合开关 K,电流会流过惠斯通电桥中的每个支路。

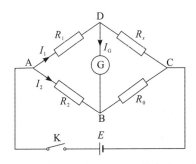

图 4-12-1 惠斯通电桥测电阻的电路示意图

当图 4-12-1 中 B、D 两点之间的电势差不为零时,惠斯通电桥中的检流计电流 $I_G \neq 0$,检流计的指针有一定的偏转。而当 B、D 两点之间的电势差为零时,检流计的示数为零,惠斯通电桥中 BD 支路无电流流过,称电桥达到平衡。

电桥平衡时,$I_G = 0$,可得

$$\begin{cases} U_{AB} = U_{AD} \\ U_{BC} = U_{DC} \end{cases}$$

即

$$\begin{cases} I_1 R_1 = I_2 R_2 \\ I_1 R_x = I_2 R_0 \end{cases} \tag{4-12-5}$$

整理可得

$$\frac{R_1}{R_x} = \frac{R_2}{R_0} \tag{4-12-6}$$

式(4-12-6)为惠斯通电桥的平衡条件。若三个臂 R_1、R_2、R_0 的电阻值已知,就可以利用式(4-12-6)计算出 R_x 的电阻值。

$$R_x = \frac{R_1}{R_2} R_0 \tag{4-12-7}$$

式中,R_1/R_2 为电桥的比率臂,R_0 为比较臂,R_x 为待测电阻,即为实验中的待测热敏电阻 R_T。

【实验内容】

热敏电阻已被固定在恒温加热器中,温度由温控仪控制。用惠斯通电桥测量不同温度下热敏电阻的电阻值,从室温开始,每升高 5 ℃测一次电阻值,一直测到 120 ℃。

注意:在温度不高时,正温度系数热敏电阻存在一个阻值随着温度的升高而减小的过程,达到一定温度后其温度系数才为正值。本实验中所使用的 MZ11A 型热敏电阻在温度小于 $70\sim80$ ℃时温度系数为负,而在温度高于 $70\sim80$ ℃时温度系数才为正。

(1)按仪器说明书连接好线路。先根据温度的不同,预估被测热敏电阻 R_T 的大致阻值。再选择恰当的电桥比例,比较臂取某一阻值。接通电源后按下检流计按钮,认真调节比较臂电阻 R_0 的阻值,使得检流计的指针指零,根据式(4-12-7)计算待测热敏电阻 R_T。

(2)在测量不同类型的热敏电阻时,只需将相应的热敏电阻连接线接在电桥"R_x"两端的接线柱上即可。

(3)重复以上步骤,测量不同温度下的待测热敏电阻阻值 R_T,列表记录电阻值及其对应的温度,并由数据绘制 R_T—T 和 $\ln R_T$—$1/T$ 曲线。

【注意事项】

(1)注意摄氏温标与开尔文温标的转换。

(2)测量较高温度时,注意避免烫伤。

(3)在测量不同类型的热敏电阻时,需注意导线的连接方式。

(4)待温度稳定后再测量电阻值。

【实验数据记录与处理】

1. 负温度系数热敏电阻 MF51 的温度特性

室温_____℃。

序号	1	2	3	4	5	6	7	8	9	10
温度(℃)										
电阻(Ω)										
序号	11	12	13	14	15	16	17	18	19	20
温度(℃)										
电阻(Ω)										

数据处理如下:

(1)绘制热敏电阻的 R_T—T 曲线,验证 R_T 与 T 是否呈非线性关系。

(2)绘制热敏电阻的 $\ln R_T$—$1/T$ 曲线,验证 $\ln R_T$ 与 $1/T$ 是否呈线性关系。

(3)运用最小二乘法拟合 $\ln R_T$—$1/T$ 曲线的斜率和截距,并求出 A 和 B 的值,根据式(4-12-3)写出热敏电阻阻值随温度变化的表达式。

2. 正温度系数热敏电阻 MZ11A 的温度特性

室温_____℃。

序号	1	2	3	4	5	6	7	8	9	10
温度(℃)										
电阻(Ω)										
序号	11	12	13	14	15	16	17	18	19	20
温度(℃)										
电阻(Ω)										

数据处理如下:

(1)绘制热敏电阻的 R_T—T 曲线,验证 R_T 与 T 是否呈非线性关系。

(2)绘制热敏电阻的 $\ln R_T$—$1/T$ 曲线,验证 $\ln R_T$ 与 $1/T$ 是否呈线性关系。

(3)运用最小二乘法拟合 $\ln R_T$—$1/T$ 曲线的斜率和截距,并求出 A 和 B 的值,根据式(4-12-3)写出热敏电阻阻值随温度变化的表达式。

【思考题】

(1)两种温度系数热敏电阻的温度特性有何不同?

(2)如何减小实验中热敏电阻阻值的测量误差?

第五章

电磁学实验

5.1　用模拟法测绘静电场

电荷会在周围空间激发电场,相对于观察者静止,电量不随时间变化的电荷所激发的电场也不随时间变化,这种电场称为静电场。静电场对处在电场中的其他电荷都有作用力(电场力)。描述静电场的基本物理量是电场强度。在工程实际中,我们往往需要了解电场强度分布。通过解静电场边值问题,原则上可以求出任意静电场分布,但实际上,能求出解析解的情况很少,而用数值解法求近似解又比较烦琐,因此,常常通过实验方法测量。直接测量静电场不仅操作困难,而且精度不高,因此,人们常采用"模拟法"间接测量静电场的分布。

【实验目的】

(1)了解模拟法的基本思想,明确模拟法的运用条件。
(2)学会用模拟法测绘静电场的原理和方法。
(3)加深对电场强度和电势概念的理解。

【实验仪器】

DC-12 静电场描绘电源、DZ-1 静电场描绘仪、导电纸、记录纸等。

【实验原理】

1. 静电场与稳恒电场

稳恒电场与静电场是两种不同性质的场,但是它们二者都遵守"环路定理",即

$$\oint_L \boldsymbol{E} \cdot d\boldsymbol{l} = 0 \tag{5-1-1}$$

因此,它们都是有势场,都可以引入空间位置的标量函数——电势 U,电场强度与电势的微分关系是 $\boldsymbol{E} = -\nabla U$。

同时,这两种场都遵守高斯定理。对于静电场,有

$$\oiint_S \boldsymbol{E} \cdot d\boldsymbol{S} = \frac{q_{in}}{\varepsilon} \tag{5-1-2}$$

式中,q_{in} 为闭合曲面 S 包含的电荷量的代数和,ε 为电介质的电容率。当闭合曲面 S 内无电荷时,即 $q_{in}=0$ 时,有

$$\oiint_S \boldsymbol{E} \cdot d\boldsymbol{S} = 0 \tag{5-1-3}$$

对于稳恒电场,在均匀、线性、各向同性导电介质电极之外的无源区域,电流密度 $\boldsymbol{j}$ 有

$$\oiint_S \boldsymbol{j} \cdot d\boldsymbol{S} = 0 \tag{5-1-4}$$

可见,稳恒电场和静电场具有相似性。

如果有两个相同的导体系统,一个置于电容率为 ε 的均匀、线性、各向同性导电介质中,另一个置于电导率为 σ 的均匀、线性、各向同性导电介质中,并在导体间外加电压,使导体的电势分别为 U_1,U_2,$\cdots$,U_n,如图 5-1-1(a)、(b)所示。两者的电势满足相同的方程,

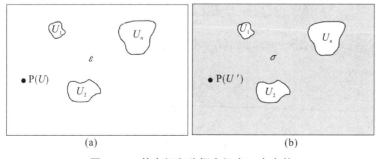

图 5-1-1　静电场和稳恒电场中 P 点电势

具有相同的边界条件,它们的电势分布必相同,即静电场空间某点 P 的电位 U 与电流场中对应点 P 的电位 U' 相同。

2. 无限长圆柱形电容器内部静电场分布的模拟

(1)无限长圆柱形电容器内部的静电场分布。无限长圆柱形电容器由半径为 r_A 的无限长圆柱体 A 和内半径为 r_B 的同轴无限长圆筒形导体 B 构成,内导体与圆筒间充满电容率为 ε 的均匀、线性、各向同性导电介质,如图 5-1-2(a)所示。内外导体分别带等量异号电荷,内导体单位长度的电荷量为 λ,外圆筒单位长度的电荷量为 $-\lambda$。由于电场分布具有轴对称性,因此,只要在垂直于轴线的任一截面 S 上研究电场分布即可,如图 5-1-2(b)所示。

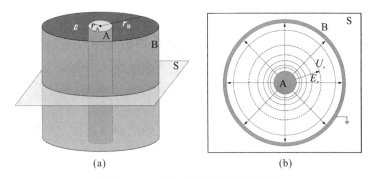

(a)   (b)

图 5-1-2 圆柱形电容器内部静电场

由高斯定理可知,与轴线相距为 r($r_A < r < r_B$)处的电场强度为

$$E_r = \frac{\lambda}{2\pi\varepsilon r} \tag{5-1-5}$$

相应的电势为

$$U_r = U_A - \int_{r_A}^{r} \boldsymbol{E} \cdot \mathrm{d}r = U_A - \frac{\lambda}{2\pi\varepsilon} \ln\frac{r}{r_A} \tag{5-1-6}$$

若圆筒 B 接地,即 $r = r_B$ 时,$U_B = 0$,则有

$$U_B = U_A - \frac{\lambda}{2\pi\varepsilon} \ln\frac{r_B}{r_A} = 0$$

即

$$\frac{\lambda}{2\pi\varepsilon} = \frac{U_A}{\ln\dfrac{r_B}{r_A}} \tag{5-1-7}$$

代入式(5-1-6),得

$$U_r = U_A \frac{\ln \dfrac{r_B}{r}}{\ln \dfrac{r_B}{r_A}} \qquad (5\text{-}1\text{-}8)$$

$$E_r = -\frac{\mathrm{d}U_r}{\mathrm{d}r} = \frac{U_A}{\ln \dfrac{r_B}{r_A}} \cdot \frac{1}{r} \qquad (5\text{-}1\text{-}9)$$

(2)同轴圆柱形电极之间导电纸上稳恒电场的分布。将同轴圆柱形电极置于均匀导电纸 S 上,并与导电纸保持良好接触,内电极 A 的半径为 r_A,外电极 B 的内半径为 r_B,在 A、B 电极之间加上稳恒电压 U_A,如图 5-1-3 所示。由于电极具有轴对称性且导电纸均匀,因此,导电纸上的电流分布亦具有轴对称性,且不随时间变化,故而在导电纸上存在稳恒电流场。

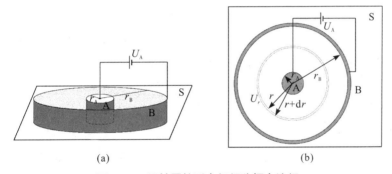

(a)　　　　　　　　　(b)

图 5-1-3　同轴圆柱形电极间稳恒电流场

设导电纸的厚度为 h,电阻率为 ρ($\rho=1/\sigma$),则从半径 r 到 $r+\mathrm{d}r$ 之间的导电纸的电阻为

$$\mathrm{d}R = \rho \cdot \frac{\mathrm{d}r}{2\pi rh} = \frac{\rho}{2\pi h} \cdot \frac{\mathrm{d}r}{r}$$

则由任意半径 r 到 r_B 之间导电纸的电阻为

$$R_r = \frac{\rho}{2\pi h}\int_r^{r_B} \frac{\mathrm{d}r}{r} = \frac{\rho}{2\pi h}\ln\frac{r_B}{r}$$

A、B 电极之间导电纸的总电阻为

$$R_{总} = \frac{\rho}{2\pi h}\ln\frac{r_B}{r_A}$$

根据欧姆定律,电流为

$$I = \frac{U_A}{R_总} = \frac{2\pi h U_A}{\rho \ln \dfrac{r_B}{r_A}}$$

取 B 电极为电势零点,导电纸上半径为 r 处与 B 电极间的电压,亦即 r 处电势为

$$U'_r = I R_r = U_A \frac{\ln \dfrac{r_B}{r}}{\ln \dfrac{r_B}{r_A}} \tag{5-1-10}$$

$$E'_r = -\frac{\mathrm{d}U'_r}{\mathrm{d}r} = \frac{U_A}{\ln \dfrac{r_B}{r_A}} \cdot \frac{1}{r} \tag{5-1-11}$$

由以上分析可见,$U_r = U'_r$,$E_r = E'_r$,即两者的电势、电场强度的分布完全相同。因此,我们可以通过测绘导电纸上稳恒电场的分布来模拟无限长圆柱形电容器内部静电场的分布。

(3)模拟条件。为了在实验中实现模拟,必须满足以下条件:①激发静电场的带电系统与产生稳恒电流场的电极系统几何形状相同。②静电场中带电体表面电势与稳恒电流场中的相应电极表面电势相同。这一条件一般只能近似满足,因为静电场中的带电体一定是等势体,导体的表面一定是等势面,而稳恒电流场中的电极一般不是等势体,表面也不是等势面,只有在电极的电导率远大于导电介质的电导率,同时导电介质的电导率远大于空气的电导率时,电极的表面才能近似看成等势面。本实验的导电介质采用导电纸,其电导率远小于金属电极的电导率,远大于空气的电导率,符合模拟条件。

3. 无限长圆柱形电容器内部的电势分布

无限长圆柱形电容器内部等势面是一簇同轴圆柱面,在任一横截面上的等势线是一簇同心圆,距离轴心 r 处的电势 U_r 为

$$U_r = U_A \frac{\ln \dfrac{r_B}{r}}{\ln \dfrac{r_B}{r_A}}$$

等势线半径 r 的表达式为

$$\ln r = \ln r_B - \frac{U_r}{U_A}\ln\frac{r_B}{r_A} \qquad (5\text{-}1\text{-}12)$$

或

$$r = r_B\left(\frac{r_B}{r_A}\right)^{-U_r/U_A} \qquad (5\text{-}1\text{-}13)$$

上式的物理意义很明显,等势线是一簇(电势)内高外低、内密外疏的同心圆。

【实验内容】

(1)将静电场描绘仪的下层底板从静电描绘仪上抽出,把导电纸平放在底板上,装好电极。旋紧螺钉时用力不要过大,用力要均匀,使导电纸与电极接触良好,然后把底板插回静电场描绘仪。

(2)取一张白纸(或坐标纸)放在静电场描绘仪上层平板上,铺平并用磁条压紧。

(3)按要求连接好电路,再将静电场描绘电源上"测量、输出"转换开关拨向"输出"端,然后打开电源开关,把输出电压调到10.00 V。

(4)将"测量、输出"转换开关拨向"测量"端。

(5)调节同步探针,使上下探针在同一垂直线上,下探针与导电纸接触良好,上探针与记录纸保持1~2 mm的距离。

(6)移动(不能直接拖动)同步探针位置,找到电势为1.00 V的点,用手指轻轻按下上探针,在记录纸上打出相应的点,找到8个电势为1.00 V的点,且这些点大致对称分布。

(7)重复步骤6,分别测出电势值为2.00 V、3.00 V、4.00 V、5.00 V、6.00 V、7.00 V和8.00 V的等势线的位置,每个等势线上找到8个对称分布的点,并记下它们相应的电势值。

(8)移动同步探针至电极A上的中心位置,按下上探针,在记录纸上标记出等势线的圆心位置(参考位置)。

(9)测试完毕后,将"测量、输出"转换开关拨向"输出"端,然后关闭电源开关,取下记录纸,将仪器放回原位,并记下实验室提供的内电极半径R_A和外电极半径R_B。

111

【注意事项】

（1）移动同步探针时，一只手轻托下探针，使其在导电纸上轻轻滑动，切勿划破导电纸或留下明显痕迹，否则会改变导电纸上稳恒电流场的分布。

（2）同步探针的上下探针务必调节在导电纸的同一垂直线上。

【实验数据记录与处理】

在记录纸上用直尺测量各点到圆心的距离，求出各等势点的平均半径及其自然对数值，填入数据表格。

$U_A = 10.00$ V，$R_A =$ _____ cm，$R_B =$ _____ cm。

U_r(V)		1.00	2.00	3.00	4.00	5.00	6.00	7.00	8.00
r_i(cm)	1								
	2								
	3								
	4								
	5								
	6								
	7								
	8								
$\bar{r}$(cm)									
$\ln\bar{r}$									

数据处理如下：

（1）在记录纸上以 $\bar{r}$ 为半径，用圆规画出 8 条等势线，用直尺对称地画出 8 条电场线。

（2）用最小二乘法拟合 $\ln\bar{r} - U_r$ 线性关系，并计算斜率 k、截距 b 和相关系数 γ。

斜率：$k =$

截距：$b =$

相关系数：$\gamma =$

(3)计算电极 A、B的半径,并与实验室测量结果比较,计算相对误差。

电极 B 的半径:$r_B = e^b =$

电极 A 的半径:$r_A = \dfrac{r_B}{e^{-10b}} =$

相对误差:

$$\dfrac{|R_A - r_A|}{R_A} \times 100\% =$$

$$\dfrac{|R_B - r_B|}{R_B} \times 100\% =$$

【思考题】

(1)为什么不能直接测量静电场?

(2)为什么实验要求电极与导电纸之间接触良好? 怎样判断是否接触良好?

(3)电场线与等势线之间有什么关系?

(4)等势线、电场线的形状与两极间电压大小是否有关? 电场强度和电势分布与两极间电压大小是否有关?

(5)在导电纸上能否模拟出球形电容器的静电场分布?

5.2　用惠斯通电桥测电阻

电桥是利用比较法进行测量的电学测量仪器,既可用来直接测量电阻、电容和电感等电学量,也可以通过传感器将非电学量转化为电学量来测量温度、压力、频率、真空度等。电桥有灵敏度高、准确性好、使用方便的特点,在现代工业生产中的自动控制和自动检测方面有着广泛的应用。电桥的种类较多,可分为平衡电桥和非平衡电桥、交流电桥和直流电桥、单臂电桥(又称惠斯通电桥)和双臂电桥(又称开尔文电桥)等。

直流单臂电桥最早是由 S. H. 克里斯蒂于 1833 年发明的,但一直未引起人们的注意,直到 1843 年惠斯通才用它来测量电阻,后来,人们把这种电桥称为惠斯通电桥。惠斯通电桥是一种直流平衡电桥,采用比较法测电阻,即在电桥平衡时把被测电阻与标准电阻进行比较。由于标准电阻的准确度可以达到很高,如果配上足够灵敏的电流计,对电阻的测量就可以达到很高的准确度。惠斯通电桥适用于测量中等大小阻值的电阻,其测量范围一般为 $10\sim10^6$ Ω。尽管各种电桥的测量对象不同、构造不同,但它们的基本原理和方法大致相同,因此,掌握惠斯通电桥的原理和方法是学习其他电桥的基础。

【实验目的】

(1)学习按电路图连接惠斯通电桥。

(2)掌握用惠斯通电桥测量中等阻值电阻的方法。

(3)掌握电桥调节平衡逐次逼近的方法。

(4)了解提高电桥灵敏度的途径。

【实验仪器】

双路直流稳压稳流电源、AC5/4 型灵敏直流检流计、ZX21a 型实验室直流电阻箱、开关等。

【实验原理】

1. 惠斯通电桥测量电阻原理

惠斯通电桥的原理如图 5-2-1 所示。图中 AB、BC、CD 和 DA 四条支路分别由电阻 $R_1(R_x)$、R_2、R_3 和 R_4 组成,称为电桥的四个臂,其中,R_2 和 R_3 组成比例臂,R_x 为待测臂,R_4 为比较臂。四边形的

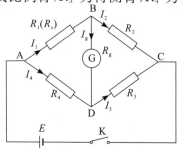

图 5-2-1 惠斯通电桥电路示意图

一条对角线 AC 间接电源 E，称为电桥的"电源对角线"，另一条对角线 BD 间接检流计 G。所谓的"桥"就是指接有检流计的 BD 这条对角线，检流计用来判断 B、D 两点电势是否相等，即判断"桥"上有无电流通过。

当闭合开关 K 时，电流流经电桥的四个桥臂。当 B、D 两点的电势不相等时，桥上有电流通过（$I_g \neq 0$），检流计的指针发生偏转；当 B、D 两点的电势相等时，桥上无电流通过（$I_g = 0$），检流计的指针不偏转（指零），电桥处于平衡状态。电桥平衡时，有

$$I_1 R_1 = I_4 R_4$$
$$I_2 R_2 = I_3 R_3$$

且

$$I_1 = I_2, \quad I_3 = I_4$$

于是得

$$\frac{R_1}{R_2} = \frac{R_4}{R_3}$$

或

$$R_1 R_3 = R_2 R_4$$

这是电桥平衡的充分必要条件。

根据电桥平衡条件，若已知平衡电桥任意三个桥臂的电阻，就可以计算出另一个桥臂的电阻，即

$$R_x = R_1 = \frac{R_2}{R_3} \cdot R_4 \tag{5-2-1}$$

电桥调节平衡有两种方法：一种是保持 R_4 不变，调节 R_2/R_3 的比值；另一种是保持 R_2/R_3 的比值不变，调节电阻 R_4。本实验采用后一种方法。从式（5-2-1）中可以看出，待测电阻 R_x 测量的准确度与 R_2、R_3 和 R_4 的准确度有关，因此，通常 R_2、R_3 和 R_4 采用标准电阻箱。

2. 电桥的灵敏度

在实验中，我们是通过检流计来判断电桥是否达到平衡。检流计有一定的灵敏度，而眼睛的分辨能力有限，这就影响了我们对电桥是否达到平衡的判断。为此，需要引入电桥的灵敏度这一概念。

(1)检流计的灵敏度。计量器具的灵敏阈定义为引起计量器具示值可觉察变化的最小改变量。如果检流计的灵敏阈为 Δn(取 0.2 ～0.5 格),而引起检流计的指针偏转格数为 Δn 的检流计电流变化为 ΔI_g,则检流计的电流灵敏度(简称灵敏度)为

$$S_i = \frac{\Delta n}{\Delta I_g} \qquad (5\text{-}2\text{-}2)$$

(2)电桥灵敏度及相对灵敏度。当电桥处于平衡时,若使测量臂电阻 R_x 改变一个微小量 ΔR_x,从而引起检流计指针偏转 Δn 格,此时,定义电桥灵敏度 S' 为

$$S' = \frac{\Delta n}{\Delta R_x} \qquad (5\text{-}2\text{-}3)$$

定义电桥相对灵敏度 S 为

$$S = R_x \frac{\Delta n}{\Delta R_x} \qquad (5\text{-}2\text{-}4)$$

电桥的相对灵敏度反映电桥对电阻相对变化的分辨能力。

(3)影响电桥灵敏度的因素。对于如图 5-2-1 所示的惠斯通电桥的电路,利用基尔霍夫定律来计算桥上电流 I_g。

$$I_g = \frac{(R_2 R_4 - R_x R_3)E}{R_x R_2 R_4 + R_x R_3 R_4 + R_2 R_3 R_4 + R_x R_2 R_3 + R_g(R_x + R_2)(R_3 + R_4)}$$

电桥平衡的充分必要条件是

$$R_x R_3 = R_2 R_4$$

当电桥处于平衡状态时,使测量臂电阻 R_x 改变一个微小量 ΔR_x,流过检流计的电流

$$\Delta I_g = \frac{[R_2 R_4 - (R_x + \Delta R_x)R_3]E}{(R_x + \Delta R_x)R_2 R_4 + (R_x + \Delta R_x)R_3 R_4 + R_2 R_3 R_4 \to}$$

$$\overline{\leftarrow (R_x + \Delta R_x)R_2 R_3 + R_g(R_x + \Delta R_x + R_2)(R_3 + R_4)}$$

$$= \frac{-\Delta R_x R_3 E}{R_x R_2 R_4 + R_x R_3 R_4 + R_2 R_3 R_4 + R_x R_2 R_3 + R_g(R_x + R_2) \to}$$

$$\overline{\leftarrow (R_3 + R_4) + \Delta R_x(R_2 R_3 + R_2 R_4 + R_3 R_4 + R_3 R_g + R_4 R_g)}$$

电桥相对灵敏度 S 为

$$S = \frac{\Delta n}{\dfrac{\Delta R_x}{R_x}} = R_x \frac{S_i \Delta I_g}{\Delta R_x}$$

即

$$S = \frac{-S_i E}{R_x + R_2 + R_3 + R_4 + R_g\left(2 + \dfrac{R_x}{R_2} + \dfrac{R_3}{R_4}\right)} \quad (5\text{-}2\text{-}5)$$

由式(5-2-5)可见：

①电桥的灵敏度与检流计的灵敏度成正比,选择灵敏度高的检流计可以提高电桥的灵敏度。但也要注意检流计的灵敏度过高时,电阻箱电阻的不连续性可能会造成无法将检流计指针调到零,因此,要合理选择检流计的灵敏度。

②电桥的灵敏度与电源的电动势成正比,提高电源的电动势可以提高电桥的灵敏度,但要考虑桥臂电阻的额定功率。

③电桥的灵敏度与桥臂电阻阻值之和及桥臂电阻阻值之比有关。桥臂上的电阻阻值过大,将大大降低其灵敏度;桥臂上电阻阻值相差太大,也会降低其灵敏度。因此,测量不同电阻或用不同的比例臂测量同一电阻时,电桥的灵敏度也不一样。桥臂电阻的电阻阻值之和较小,四臂电阻的电阻阻值相等时,灵敏度较高。

④电桥的灵敏度与检流计内阻有关。检流计内阻越小,电桥的灵敏度越高。

可以证明,改变电桥任意一个桥臂的电阻阻值,测得的电桥灵敏度的绝对值都是相同的。在具体测量中,待测电阻的阻值大多是不能改变的,通常采用改变比例臂的电阻来测量电桥的灵敏度,即

$$S = \frac{\Delta n}{\dfrac{\Delta R_4}{R_4}} \quad (5\text{-}2\text{-}6)$$

3. 惠斯通电桥的系统误差及其消除方法

组成电桥的电阻的阻值存在不确定性,这导致测量结果存在偏差,不过电阻阻值一般不会偏离太远,通常设置比例臂电阻的阻值相等。这时,虽然 R_2、R_3 阻值示值一样,但它们的实际阻值是不会严格相等的,由此产生的系统误差,可以通过交换比例臂与测量臂

的方法来消除。

电桥平衡时测得的比例臂值为 R_4，则

$$R_x = \frac{R_2}{R_3}R_4 \qquad (5\text{-}2\text{-}7)$$

交换比例臂和测量臂后，电桥再次平衡时测得的比例臂值为 R'_4，则

$$R_x = \frac{R_3}{R_2}R'_4 \qquad (5\text{-}2\text{-}8)$$

将式(5-2-7)、式(5-2-8)相乘，得

$$R_x^2 = \frac{R_2}{R_3}R_4 \cdot \frac{R_3}{R_2}R'_4 = R_4R'_4$$

即

$$R_x = \sqrt{R_4R'_4} \qquad (5\text{-}2\text{-}9)$$

这种交换方法一方面可以消除由于比例臂电阻值不准带来的系统误差，另一方面，可以使起相反作用的误差因素相互抵消，减少系统误差。

4. 交换测量误差及不确定度分析

采用交换测量法后，R_2 和 R_3 的仪器误差对测量结果无影响，测量结果的不确定度主要来自比例臂电阻 R_4 的误差和由电桥灵敏度引入的不确定度。

(1)比例臂电阻 R_4 误差引入的不确定度分量。桥臂采用 ZX21a 型实验室直流电阻箱，电阻箱示值为 R 时的最大允许误差为

$$\Delta_{\text{ins},R} = \left(\sum_i \alpha_i\% \cdot R_i + R_0 \right) \Omega \qquad (5\text{-}2\text{-}10)$$

式中，R_i 为电阻箱第 i 个十进制旋钮的示值，α_i 为电阻箱第 i 个十进制旋钮的准确度等级，$R_0 = (0.03 \pm 0.01)\ \Omega$，表示残余电阻。

比较臂电阻 R_4 的仪器误差引入的标准不确定度分量为

$$u_{\text{B1}}(R_4) = \frac{\Delta_{\text{ins}}(R_4)}{\sqrt{3}} \qquad (5\text{-}2\text{-}11)$$

(2)电桥灵敏度引入的不确定度。电桥灵敏度引入的被测量的相对误差为

$$\frac{\Delta R_4}{R_4} = \frac{\Delta n}{S}$$

误差的极限值

$$\Delta R_4 = \frac{\Delta n}{S} R_4$$

其标准不确定度分量为

$$u_{B2}(R_4) = \frac{\Delta R_4}{\sqrt{3}} \tag{5-2-12}$$

(3)R_4 的合成标准不确定度。上面 R_4 的标准不确定度的两个分量各自独立,故合成标准不确定度为

$$u_B(R_4) = \sqrt{u_{B1}^2(R_4) + u_{B2}^2(R_4)} \tag{5-2-13}$$

(4)R_x 的标准不确定度。采用交换测量方法后,R_x 的计算公式为

$$R_x = \sqrt{R_4 R_4'}$$

按照不确定度传递公式,R_x 的标准不确定度为

$$u(R_x) = \frac{1}{2} \left(\frac{u_B(R_4)}{R_4} + \frac{u_B(R_4')}{R_4'} \right) R_x \tag{5-2-14}$$

式中,$u_B(R_4)$ 和 $u_B(R_4')$ 分别是交换前后 R_4 的合成标准不确定度。

【实验内容】

1. 自组电桥测电阻

(1)按电路图 5-2-2 接线(电源接 5 V),接好线后应检查一遍,确保无误。

(2)打开检流计电源开关,预热几分钟后,旋转调零电位器仔细调零。

(3)调节电阻箱 R_2 和 R_3,使 $R_2 = R_3 = 500.0 \ \Omega$。

(4)将限流电阻 R_n 调到最大值,接通开关 K_g,断开开关 K_n。

(5)根据 R_x 的万用表测量值(或估计值),预设 R_4 的数值。闭合电源开关 K_E,用跃接法观察检流计指针是否指零。若检流计指针不指零,就调节 R_4,使检流计指针偏转减小,直至检流计指针指零。然后一边调小 R_n,一边调节 R_4,直到 $R_n = 10 \ \Omega$ 为止。最后闭合开关 K_n,再调节 R_4,使检流计指针指零(电桥平衡)。

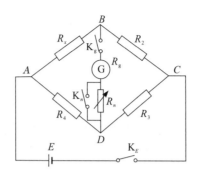

图 5-2-2　自组电桥测电阻的电路图

（6）电桥平衡后，按照电桥的灵敏度估计有效数字，正确记录 R_4 值。

（7）调节 R_4，使检流计指针向左偏转几格，记下格数 $\Delta n_左$ 和 R_4 的阻值 $\Delta R_{4左}$；再调节 R_4，使检流计指针向右偏转几格，记下格数 $\Delta n_右$ 和 R_4 的阻值 $\Delta R_{4右}$。$\Delta n_左$ 和 $\Delta n_右$ 一般取 $0.2\sim0.5$ 格，具体取值可根据实际情况自行选择。

（8）断开开关 K_n，调节 R_n 到阻值最大，然后断开电源开关 K_E。

（9）交换 R_2 和 R_3，重复步骤（5）至步骤（8）。

（10）调节电阻箱 R_2 和 R_3，分别使 $R_2=R_3=1000.0\ \Omega$、$R_2=R_3=1500.0\ \Omega$，重复步骤（5）至步骤（9）。

2. 探究影响自组电桥灵敏度的因素

（1）倍率 K 对电桥灵敏度的影响。取 $R_2=500.0\ \Omega$，逐次改变 R_2/R_3 的倍率 K 值，重复上文"自组电桥测电阻"中的步骤（4）至步骤（8），自拟表格记录结果。计算不同 K 值下的电桥灵敏度 S，探索倍率 K 对电桥灵敏度 S 的影响。

（2）电源电动势对电桥灵敏度的影响。取 $R_2=R_3=500.0\ \Omega$，调节电源，逐次改变电源电动势 E 值，重复上文"自组电桥测电阻"中的步骤（4）至步骤（8），自拟表格记录结果。计算不同 E 值下的电桥灵敏度 S，探索电源电动势 E 对电桥灵敏度 S 的影响，以电源电动势 E 为横坐标，以电桥灵敏度 S 为纵坐标作图。

【实验数据记录与处理】

1. 自组电桥测电阻

$E = 5.00$ V, $R_x = $＿＿＿ Ω。

R_2/R_3	交换前				交换后				$\overline{R}_x$ (Ω)
	R_4 (Ω)	$R_{4左}$ ($\Delta n_{左}$) (Ω)	$R_{4右}$ ($\Delta n_{右}$) (Ω)	$\Delta_{ins}R_4$ (Ω)	R'_4 (Ω)	$R'_{4左}$ ($\Delta n'_{左}$) (Ω)	$R'_{4右}$ ($\Delta n'_{右}$) (Ω)	$\Delta_{ins}(R'_4)$ (Ω)	
500/500									
1000/1000									
1500/1500									

数据处理如下：

(1)分别计算出交换前后测得的 ΔR_4 和 $\Delta R'_4$。

$$\Delta R_4 = \frac{R_{4左} + R_{4右}}{2} = \qquad \Delta R'_4 = \frac{R'_{4左} + R'_{4右}}{2} =$$

(2)分别计算出交换前后两次测量对应的 R_4 标准不确定度 $u_B(R_4)$ 和 $u_B(R'_4)$。

交换前：$u_{B1}(R_4) = \dfrac{\Delta_{ins}(R_4)}{\sqrt{3}} \qquad u_{B2}(R_4) = \dfrac{\Delta R_4}{\sqrt{3}} =$

$$u_B(R_4) = \sqrt{u_{B1}^2(R_4) + u_{B2}^2(R_4)} =$$

交换后：$u_{B1}(R'_4) = \dfrac{\Delta_{ins}(R'_4)}{\sqrt{3}} \qquad u_{B2}(R'_4) = \dfrac{\Delta R'_4}{\sqrt{3}} =$

$$u_B(R'_4) = \sqrt{u_{B1}^2(R'_4) + u_{B2}^2(R'_4)} =$$

(3)计算待测电阻 R_x 的最佳估计值 $\overline{R}_x$ 和标准不确定度 $u(R_x)$。

$$\overline{R}_x = \sqrt{R_4 R'_4} = \qquad u(R_x) = \frac{1}{2}\left(\frac{u_B(R_4)}{R_4} + \frac{u_B(R'_4)}{R'_4}\right)R_x =$$

待测电阻阻值表示为

$$R_x = \overline{R}_x \pm u(R_x) =$$

2. 探究影响自组电桥灵敏度的因素

(1)倍率 K 对电桥灵敏度的影响。自拟表格记录结果，计算不同倍率 K 对应的电桥灵敏度 S，并以倍率 K 为横坐标，以电桥灵敏

度 S 为纵坐标作 $K-S$ 图。

(2)电源电动势 E 对电桥灵敏度的影响。自拟表格记录结果，计算不同电源电动势 E 对应的电桥灵敏度 S，并以电源电动势 E 为横坐标，以电桥灵敏度 S 为纵坐标作 $E-S$ 图。

【思考题】

(1)什么是电桥平衡？如何判断电桥平衡？

(2)用惠斯通电桥测电阻时，采用交换法的目的和条件是什么？

(3)惠斯通电桥的灵敏度与哪些因素有关？

(4)电桥的灵敏度是否越高越好？

5.3　伏安法测电阻

根据欧姆定律，通过测量电阻两端电压和流过电阻的电流来计算电阻阻值的方法称为伏安法，它是测量电阻的基本方法之一。伏安法具有方法简单、使用方便、适用范围广等优点，既可测量线性元件，也可测量非线性元件。伏安法是目前研究和测量各种元件和材料导电特性最常用的方法。

电表内阻的存在给伏安法测量电阻带来了系统误差，要提高测量结果的准确度，除了要选择精度较高的仪表外，还必须采用合适的电路连接方式来尽可能减小系统误差的影响。

【实验目的】

(1)掌握用电流表、电压表测量电阻伏安特性的方法。

(2)学习简单的电路设计方法，明确如何选择仪器和确定最佳测量条件。

(3)学会分析实验中的系统误差，掌握其修正方法。

【实验仪器】

待测电阻、电流表、直流稳压电源、电压表、电阻箱、滑线变阻器等。

【实验原理】

根据欧姆定律,若测得通过电阻 R 的电流 I 及电阻 R 两端的电压 U,则有

$$R = \frac{U}{I}$$

伏安法测电阻的系统误差主要来自两方面:一方面是电表的准确度等级会影响电流和电压的测量精确度;另一方面是由于电表存在内阻,在测量电流或电压时存在方法误差(如电表的接入误差)。采用适合的接线方法可以在一定程度上减小由于电表内阻引起的误差,图 5-3-1 所示为伏安法测电阻的原理图。

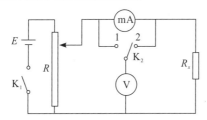

图 5-3-1　伏安法测电阻

1. 测量仪表的选择

(1)参照待测电阻 R_x 的额定功率确定电表的量程。设电阻 R_x 的额定功率为 P,则最大电流 I_m 为

$$I_m = \sqrt{\frac{P}{R_x}}$$

为了充分利用电表的准确度,选择电流表的量程 $I_M \approx I_m$,电压表的量程 $U_M \approx I_m \cdot R$。例如,设 $R_x \approx 100\ \Omega, P = 0.25\ \text{W}$,则 $I_m \approx 50\ \text{mA}$,所以电流表取量程为 50 mA 较适宜,电压表取量程为 5 V 较适宜。

(2)参照对电阻测量准确度的要求确定电表的准确度等级。在一定近似下,电阻值测量不确定度可表示为

$$\frac{u(R)}{R} = \sqrt{\left(\frac{u(U)}{U}\right)^2 + \left(\frac{u(I)}{I}\right)^2} \qquad (5\text{-}3\text{-}1)$$

式中,U 和 I 分别为电压表和电流表的示值。$u(U)$ 和 $u(I)$ 分别为电压表和电流表的测量不确定度,其与电表的量程和准确度等级密切相关,有

$$u(U) = \frac{a_V\% \cdot U_M}{\sqrt{3}}, u(I) = \frac{a_I\% \cdot I_M}{\sqrt{3}} \qquad (5\text{-}3\text{-}2)$$

式中,a_V、a_I 分别是电压表和电流表的准确度等级,U_M 与 I_M 分别是电压表和电流表的量程。

假设要求测量电阻 R 的相对不确定度不大于 E_R,即 $\frac{u(R)}{R} \leqslant E_R$,由式(5-3-1),根据不确定度均分原则,则有

$$\frac{u(U)}{U} \leqslant \frac{E_R}{\sqrt{2}}, \frac{u(I)}{I} \leqslant \frac{E_R}{\sqrt{2}}$$

即

$$a_V\% \leqslant \frac{E_R}{\sqrt{2}} \cdot \frac{\sqrt{3}U}{U_M}, a_I\% \leqslant \frac{E_R}{\sqrt{2}} \cdot \frac{\sqrt{3}I}{I_M} \qquad (5\text{-}3\text{-}3)$$

对前面例子中 $R_x \approx 100\ \Omega, P = 0.25\ W$,选择电流表和电压表的量程分别是 $I_M = 50\ mA, U_M = 5\ V$。假设实际测量中,流过电阻 R 的电流 $I \approx 35\ mA, R$ 两端电压 $U \approx 3.5\ V$,若要求相对不确定度 $E_R \leqslant 1\%$,则

$$a_V\% \leqslant \frac{1\%}{\sqrt{2}} \cdot \frac{\sqrt{3} \times 3.5}{5} = 0.86\%, a_I\% \leqslant \frac{1\%}{\sqrt{2}} \cdot \frac{\sqrt{3} \times 35}{50} = 0.86\%$$

因此,取 0.5 级的电流表和电压表即可。

2. 两种接线方法引入的误差

伏安法测量电阻实验中,根据电流表和电压表位置的不同,可分为两种接线方法:一种是电流表在电压表的内侧,如图 5-3-2(a)所示,称为内接法;另一种是电流表接在电压表的外侧,如图5-3-2(b)所示,称为外接法。

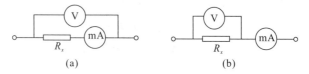

图 5-3-2 内接法和外接法原理图

根据欧姆定律,若待测电阻的实际值为 R_x,其中流过的电流为 I_x,其两端的电压为 U_x,则有

$$R_x = \frac{U_x}{I_x}$$

但在实际测量中,无论采用内接法还是外接法,两电表均不能同时

给出 U_x 和 I_x,在这种情况下,将电压表的示值 U 和电流表的示值 I 按欧姆定律计算,得

$$R = \frac{U}{I} \qquad (5\text{-}3\text{-}4)$$

根据式(5-3-4)计算得到的 R 并不是待测电阻 R_x 的阻值,这会带来测量误差。

(1)内接法引入的误差。当采用内接法时,电流表的示值就是待测电阻 R_x 中流过的电流 I_x,即 $I = I_x$,但电压表的示值 U 却是电阻 R_x 上的电压 U_x 与电流表上的电压 U_A 之和,即

$$U = U_x + U_A = U_x + I_x R_A \qquad (5\text{-}3\text{-}5)$$

式中,R_A 是电流表的内阻。于是得内接法的测量值

$$R_内 = R_x + R_A$$

可见,内接法的测量值大于实际值,内接法的绝对误差为

$$\Delta R_内 = R_内 - R_x = R_A$$

内接法的相对误差为

$$E_内 = \frac{\Delta R_内}{R_x} = \frac{R_A}{R_x}$$

这表明,只有当 $R_x \gg R_A$ 时,才能保证测量有足够的准确度,所以测量较大的电阻时适合采用内接法。

(2)外接法引入的误差。采用外接法时,电压表的示值 U 就是待测电阻 R_x 两端的电压 U_x,但电流表的示值 I 却是 R_x 中流过的电流 I_x 与电压表中流过的电流 I_V 之和,即

$$I = I_x + I_V = \frac{R_x + R_V}{R_x \cdot R_V} U \qquad (5\text{-}3\text{-}6)$$

式中,R_V 为电压表的内阻,外接法的测量值为

$$R_外 = \frac{U}{I} = \frac{R_x \cdot R_V}{R_x + R_V}$$

可见,外接法的测量值小于待测电阻 R_x 的值,外接法的绝对误差为

$$\Delta R_外 = R_外 - R_x = -\frac{R_x^2}{R_x + R_V}$$

外接法的相对误差可写成

$$E_外 = \frac{\Delta R_外}{R_x} = -\frac{1}{1 + \dfrac{R_V}{R_x}}$$

这表明,只有当 $R_V \gg R_x$ 时,才能保证测量有足够的准确度,所以测量较小的电阻时适合采用外接法。

(3)两种接线方法的选择。为了减小测量的系统误差,在两种接线方法的选择上大致可以根据 $\lg(R_x/R_A)$ 和 $\lg(R_V/R_x)$ 的大小关系来判断(R_x 可取粗测值或已知的约值)。当满足式(5-3-7)时,可选内接法。

$$\lg(R_x/R_A) > \lg(R_V/R_x) \tag{5-3-7}$$

而当满足式(5-3-8)时,可选外接法。

$$\lg(R_x/R_A) < \lg(R_V/R_x) \tag{5-3-8}$$

若存在式(5-3-9)的关系,则两种接法引起的误差差不多,可自由选择。

$$R_x \approx \sqrt{R_A \cdot R_V} \tag{5-3-9}$$

3. 系统误差的修正

如果要得到较准确的电阻值,就需要对测量结果进行修正,消除系统误差。

(1)采用内接法测得的电阻 $R_内$ 实际是待测电阻 R_x 与电流表内阻 R_A 串联的等效电阻,所以,内接法的修正公式为

$$R_x = R_内 - R_A$$

(2)采用外接法测得的电阻 $R_外$ 实际是待测电阻 R_x 与电压表内阻 R_V 并联的等效电阻,所以,外接法的修正公式为

$$\frac{1}{R_外} = \frac{1}{R_x} + \frac{1}{R_V}$$

$$R_x = \frac{R_外 R_V}{R_V - R_外}$$

【实验内容】

(1)按图 5-3-1 所示连接好电路,通过单刀双掷开关 K_2 选择内接法和外接法。仔细检查电路,确保电路正确无误,并将滑线变阻器的滑动端移至使其输出电压为零的位置,接通电源开关 K_1。

(2)取一个阻值为 $1 \sim 2$ kΩ 的电阻作为待测电阻 R_{x1},要求测量相对不确定度 $E_R \leqslant 5\%$,选取适当的电源电压、电压表量程和电流

表量程。用内接法和外接法两种方式,各取 5 种以上不同的电压(在 2/3 量程到满量程之间均匀取值)测量出相应的电流。

(3)再取一个阻值为 $10\sim100\ \Omega$ 的电阻作为待测电阻 R_{x2},重复步骤(2)的内容。

【注意事项】

(1)选择电压、电流的测量范围不能超过待测电阻的额定功率,否则可能烧坏电阻。

(2)电表正负极不能接错,否则容易损坏电表。

(3)在测量时,选取电表量程要使测量范围在 2/3 量程到满量程之间。

【实验数据记录与处理】

1. 测量 R_{x1} 电阻

电表	准确度等级	量程(mA、V)	内阻(Ω)
电流表	$a_1=$	$I_M=$	$R_A=$
电压表	$a_V=$	$U_M=$	$R_V=$

(1)内接法。

测量点	1	2	3	4	5	6
U_i(V)						
I_i(mA)						

数据处理如下:

①根据欧姆定律计算不同电压下测得 R_x 的阻值 R_i,并计算出对应的修正值 R_{xi}。

$$R_i=\frac{U_i}{I_i}= \qquad R_{xi}=R_i-R_A=$$

②根据式(5-3-1)和式(5-3-2)计算各 R_i 的测量不确定度 $u(R_i)$ 及对应的权值 p_i。

$$u(U_i)=\frac{a_V\%\cdot U_M}{\sqrt{3}}= \qquad u(I_i)=\frac{a_I\%\cdot I_M}{\sqrt{3}}=$$

$$u(R_i) = R_i \sqrt{\left(\frac{u(U_i)}{U_i}\right)^2 + \left(\frac{u(I_i)}{I_i}\right)^2} =$$

$$p_i = 1/u^2(R_i) =$$

③计算待测电阻 R_x 的最佳估计值 $\overline{R}_x$ 及不确定度 $u(R_x)$。

$$\overline{R}_x = \frac{\sum p_i R_{xi}}{\sum p_i} = \qquad u(R_x) = \sqrt{\frac{1}{\sum p_i}} =$$

测量结果表示为 $R_x = \overline{R}_x \pm u(R_x)$。

(2)外接法。

测量点	1	2	3	4	5	6
U_i(V)						
I_i(mA)						

数据处理:同内接法。

2. 测量 R_{x2} 电阻

电表	准确度等级	量程(mA、V)	内阻(Ω)
电流表	$a_1 =$	$I_M =$	$R_A =$
电压表	$a_V =$	$U_M =$	$R_V =$

(1)内接法。

测量点	1	2	3	4	5	6
U_i(V)						
I_i(mA)						

数据处理:同内接法测量 R_{x1} 的电阻。

(2)外接法。

测量点	1	2	3	4	5	6
U_i(V)						
I_i(mA)						

数据处理:同内接法测量 R_{x1} 的电阻。

【思考题】

(1)用伏安法测电阻时,内接法和外接法分别适用于什么条件?

(2)伏安法测电阻实验是等精度测量还是非等精度测量？如何判断？

(3)接通电源前,各仪器预置值的选择原则是什么？

(4)本实验采用分压电路进行调节,如果改成限流电路,是否可行？为什么？

(5)如何测量电压表的内阻 R_V 和电流表的内阻 R_A？

5.4 电表的改装与校准

在电学实验中,经常要用电表(电流表、电压表、万用表等)测量电流、电压等物理量,因此需要了解电表的结构,掌握正确的使用方法。常用电表的核心部分是一块磁电式电流计(俗称"表头"),表头的线圈导线很细,允许通过的电流很小。直接使用表头只能测量很小的电流。如果用它来测量较大的电流或电压,就必须进行改装,以扩大其量程。

任何一种电表(尤其是自行改装的电表)在使用前都应该进行校准,校准就是将其与一个准确度等级较高的电表进行比较。校准是物理实验中非常重要的一项技术。本实验就是将一块磁电式电流计改装成电流电压两用表并对其进行校准。

【实验目的】

(1)掌握测定表头量程和内阻的方法。

(2)熟悉电表的结构和工作原理,掌握改装电表的基本方法。

(3)掌握校准电表的基本方法,学会确定电表的准确度等级。

【实验仪器】

表头、0.5 级多量程毫安表、直流稳压电源、0.5 级多量程电压表、电阻箱、滑线变阻器、微安表等。

【实验原理】

1. 表头内阻的测定

测量表头内阻 R_g 的常用方法有替代法、半偏法、电桥法等。

（1）替代法。替代法测量表头内阻的原理如图 5-4-1 所示。首先将开关 S 置于 1，将待测表头 G 接入电路。选择适当的电压 V 和电阻 R_w，使表头满偏，此时微安表的读数就是表头的量程 I_g；再将开关 S 置于 2，保持电压 V 和电阻 R_w 的值不变，然后仔细调节电阻箱 R 的阻值，使微安表的读数重新回到 I_g，此时电阻箱的阻值就为待测表头的内阻 R_g。

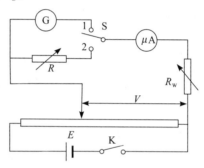

图 5-4-1 替代法测量表头内阻

（2）半偏法。半偏法测量表头内阻的原理如图 5-4-2 所示。当开关 K_1 闭合、K_2 断开时，调节电阻 R_1，使表头 G 达到满偏，此时流

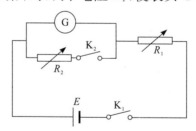

图 5-4-2 半偏法测量表头内阻

过表头的电流为 I_g，根据全电路欧姆定律有

$$E = I_g(R_g + R_1 + r) \qquad (5\text{-}4\text{-}1)$$

式中，r 为电源内阻。闭合开关 K_2，保持电阻 R_1 不变，调节 R_2，使表头达到半偏，此时流过表头的电流为 $I_g/2$，根据欧姆定律有

$$\frac{1}{2}I_g R_g = I_2 R_2 \tag{5-4-2}$$

式中，I_2 是流过 R_2 的电流。此时流过 R_1 的电流为 $I_2 + I_g/2$，根据全电路欧姆定律有

$$E = \left(\frac{1}{2}I_g + I_2\right)(R_1 + r) + \frac{1}{2}I_g R_g \tag{5-4-3}$$

联立式(5-4-1)、式(5-4-2)和式(5-4-3)，解得

$$R_g = \frac{(R_1 + r)R_2}{R_1 + r - R_2} \tag{5-4-4}$$

一般稳压源的内阻都很小，可以忽略不计，故

$$R_g \approx \frac{R_1 R_2}{R_1 - R_2} \tag{5-4-5}$$

(3)电桥法。电桥法测量表头内阻的原理见第 5.2 节"用惠斯通电桥测电阻"。

2. 将表头改装成电流表

通过在表头上并联一个分流电阻 R_S，就可以把表头改装成电流表，如图 5-4-3 所示。设改装后的电流表的量程为 I，根据欧姆定律有

$$(I - I_g)R_S = I_g R_g$$

并联分流电阻的阻值为

$$R_S = \frac{I_g}{I - I_g}R_g \tag{5-4-6}$$

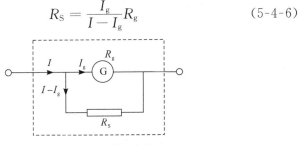

图 5-4-3 表头改装成电流表

3. 将表头改装成电压表

通过在表头上串联一个分压电阻 R_H，可以把表头改装成电压表，如图 5-4-4 所示。设改装后的电压表的量程为 V，根据欧姆定律有

$$I_g(R_g + R_H) = V$$

串联分压电阻的阻值为

$$R_{\mathrm{H}} = \frac{V}{I_{\mathrm{g}}} - R_{\mathrm{g}} \tag{5-4-7}$$

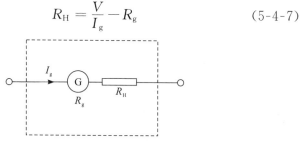

图 5-4-4　表头改装成电压表

4. 将表头改装成电流电压两用表

在表头上同时并联、串联多个电阻，可得到一只多量程电流表和多量程电压表，如图 5-4-5 所示为一个双量程的电流电压两用表。

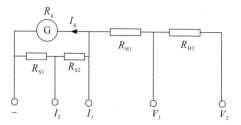

图 5-4-5　表头改装成电流电压两用表

其中分流电阻为

$$R_{\mathrm{S1}} = \frac{I_1 I_{\mathrm{g}}}{I_2(I_1 - I_{\mathrm{g}})} R_{\mathrm{g}} \tag{5-4-8}$$

$$R_{\mathrm{S2}} = \frac{(I_2 - I_1) I_{\mathrm{g}}}{I_2(I_1 - I_{\mathrm{g}})} R_{\mathrm{g}} \tag{5-4-9}$$

分压电阻为

$$R_{\mathrm{H1}} = \frac{V_1}{I_1} - \frac{R_{\mathrm{g}}(R_{\mathrm{S1}} + R_{\mathrm{S2}})}{R_{\mathrm{g}} + R_{\mathrm{S1}} + R_{\mathrm{S2}}} \tag{5-4-10}$$

$$R_{\mathrm{H2}} = \frac{V_2 - V_1}{I_1} \tag{5-4-11}$$

5. 电表的校准

电表改装后必须进行校准，以确定准确度等级。校准操作是将改装表与一个准确度等级较高的表（称为"标准表"，一般要求标准表的准确度等级比改装表的目标准确度等级高两级）进行对比测量，分别校准改装表的量程和刻度值。校准的方法如下：

（1）调整零点。在通电之前，首先调节改装表和标准表的机械零点，使它们的指针都指在零点。

（2）校准量程。将改装表和标准表接入相应的校准电路，使改装表与标准表测量同一个物理量（电压或电流）。然后调节有关仪器，使标准表的示值等于改装表设计量程的数值。一般情况下，此时改装表的指针不会正好指在满刻度，此时，需要调节分流电阻 R_S（校准电流表）或分压电阻 R_H（校准电压表），使改装表的指针指向满刻度。

（3）校准刻度值。用标准表从大到小测量出改装表指针顺序指在每个带数字刻度线上所对应的读数，然后从小到大再测量出改装表指针顺序指在每个带数字刻度线上所对应的读数，将前后两次标准表读数取平均值，减去改装表相应的刻度值，得到该刻度的校准值（绝对误差）。以改装表的示值为横坐标，以校准值为纵坐标，标出所有校准点，将相邻的两个校准点用直线段连接起来，即可得到改装表的校准曲线。

（4）确定准确度等级。选取校准值中绝对值最大者，以其绝对值除以改装表的量程，就得到改装表的标称误差，即

$$标称误差＝\frac{最大绝对误差}{量程}\times 100\%$$

国家标准把电表的准确度分为 7 个等级，分别是 0.1、0.2、0.5、1.0、1.5、2.5 和 5.0，等级数值越小，准确度越高。改装表校准后，若求出的标称误差不是上述 7 个值中的任意一个，根据误差选取原则，就低定级。例如，求出的标称误差是 1.6％，该表的准确度等级就是 2.5。

【实验内容】

1. 表头内阻的测定
采用半偏法或数字电桥测量表头内阻。

2. 将表头改装成电流电压两用表
按图 5-4-5 所示接好线路。根据表头参数和改装要求，即 $I_1＝1$ mA，$I_2＝5$ mA，$V_1＝5$ V，$V_2＝15$ V，计算出改装表的各分流电阻和各分压电阻的阻值，然后将电阻箱分别调到相应的阻值。

3. 改装电流表的校准

(1)0～1 mA 量程电流表的校准。

①把改装表和标准毫安表的指针都调整指在零点。

②将图 5-4-5 中的"－"和"I_1"端接入图 5-4-6 所示的电流表校准电路中,并将滑线变阻器的滑动头 P 调到图示最右端,电阻箱 R 调至最大。然后闭合电源开关 K,缓慢调节滑线变阻器和 R,同时观察改装表和标准表。当改装表达满刻度值,而标准毫安表的示值不等于 1.00 mA(小于或大于 1.00 mA)时,调节分流电阻 R_{S1} 和 R_{S2} 的阻值,同时缓慢调节滑线变阻器和 R,使标准毫安表的示值等于 1.00 mA,同时改装表的指针也达到满刻度值,记下此时分流电阻 R_{S1} 和 R_{S2} 的阻值之和。分流电阻 R_{S1} 和 R_{S2} 的阻值之和在后面调节过程中要一直保持不变。

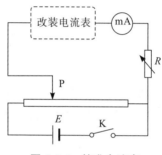

图 5-4-6　校准电流表

③缓慢调节滑线变阻器和 R,使改装表的读数依次减小为 0.80 mA、0.60 mA、0.40 mA、0.20 mA 和 0.00 mA,读出标准毫安表对应的值,记入对应表格中。

④缓慢调节滑线变阻器和 R,使改装表的读数从 0.00 mA 依次增大到 0.20 mA、0.40 mA、0.60 mA、0.80 mA 和 1.00 mA,读出标准毫安表相应的值,记入相应表格中。

⑤求出电流的校准值 ΔI_x。以改装表的读数 I_x 为横坐标,以 ΔI_x 为纵坐标,作 $\Delta I_x － I_x$ 校准曲线,并定出改装 0～1 mA 电流表的准确度等级。

(2)0～5 mA 量程电流表的校准。

①将图 5-4-5 中的"－"和"I_2"端接入图 5-4-6 所示的电流表校准电路中,将滑线变阻器的滑动头调到图示最右端,电阻箱 R 调至最大。然后闭合电源开关 K,缓慢调节滑线变阻器和 R,同时观察改

装表和标准表。当改装表达满刻度值,而标准毫安表的示值不等于 5.00 mA(小于或大于 5.00 mA)时,调节分流电阻 R_{S1} 和 R_{S2} 的阻值 (注意:保持 R_{S1} 与 R_{S2} 的和不变),同时,缓慢调节滑线变阻器和 R, 使标准毫安表的示值等于 5.00 mA,同时改装表的指针也达到满刻度值,读出此时分流电阻 R_{S1} 和 R_{S2} 的阻值,记入相应表格中。在后面调节中,分流电阻 R_{S1} 和 R_{S2} 的阻值要保持不变。

②缓慢调节滑线变阻器和 R,使改装表的读数依次减小为 4.00 mA、3.00 mA、2.00 mA、1.00 mA 和 0.00 mA,读出标准毫安表对应的值,记入相应表格中。

③缓慢调节滑线变阻器和 R,使改装表的读数从 0.00 mA 依次增大到 1.00 mA、2.00 mA、3.00 mA、4.00 mA、5.00 mA,读出标准毫安表对应的值,记入相应表格中。

④求出电流的校准值 ΔI_x。以改装表的读数 I_x 为横坐标,以 ΔI_x 为纵坐标,作 $\Delta I_x - I_x$ 校准曲线,并定出改装 0~5 mA 电流表的准确度等级。

4. 改装电压表的校准

(1)0~5 V 量程电压表的校准。

①将图 5-4-5 中的“一”和“V_1”端接入图 5-4-7 所示的电压表校准电路中,将滑线变阻器的滑动头调到图示最右端,然后闭合电源开关 K,缓慢调节滑线变阻器,同时观察改装表和标准表。当改装电压表满偏时,如果标准电压表的示值不等于 5.00 V,调节分压电阻 R_{H1} 的阻值和滑线变阻器,使改装表指针满偏,同时标准表的指针指向 5.00 V,记下此时分压电阻 R_{H1} 的阻值(后面 R_{H1} 一直保持不变,同时保持 R_{S1} 与 R_{S2} 的阻值不变)。

②缓慢调节滑线变阻器,使改装表的读数依次减小为 4.00 V、3.00 V、2.00 V、1.00 V 和 0.00 V,读出标准电压表对应的值,记入相应表格中。

③缓慢调节滑线变阻器,使改装表的读数从 0.00 V 依次增大到 1.00 V、2.00 V、3.00 V、4.00 V 和 5.00 V,读出标准电压表对应的值,记入相应表格中。

④求出电压的校准值 ΔV_x。以改装表的读数 V_x 为横坐标,以

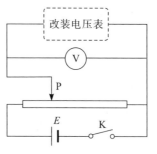

图 5-4-7　校准电压表

ΔV_x 为纵坐标,作 $\Delta V_x - V_x$ 校准曲线,并定出改装 $0 \sim 5\ \text{V}$ 电压表的准确度等级。

(2)$0 \sim 15\ \text{V}$ 量程电压表的校准。

①将图 5-4-5 中的"一"和"V_2"端接入图 5-4-7 所示的电压表校准电路中,将滑线变阻器的滑动头调到图示最右端,然后闭合电源开关 K,缓慢调节滑线变阻器,同时观察改装表和标准表。当改装电压表满偏时,如果标准电压表的示值不等于 $15.00\ \text{V}$,调节分压电阻 R_{H2} 的阻值和滑线变阻器,使改装表指针满偏,同时标准表的指针指向 $15.00\ \text{V}$,记下此时分压电阻 R_{H2} 的阻值(后面一直保持不变)。

②缓慢调节滑线变阻器,使改装表的读数依次减小为$12.00\ \text{V}$、$9.00\ \text{V}$、$6.00\ \text{V}$、$3.00\ \text{V}$ 和 $0.00\ \text{V}$,读出标准电压表相应的值,记入相应表格中。

③缓慢调节滑线变阻器,使改装表的读数从 $0.00\ \text{V}$ 依次增大到$3.00\ \text{V}$、$6.00\ \text{V}$、$9.00\ \text{V}$、$12.00\ \text{V}$ 和 $15.00\ \text{V}$,读出标准电压表相应的值,记入相应表格中。

④求出电压的校准值 ΔV_x。以改装表的读数 V_x 为横坐标,以ΔV_x 为纵坐标,作 $\Delta V_x - V_x$ 校准曲线,并定出改装 $0 \sim 15\ \text{V}$ 电压表的准确度等级。

【注意事项】

(1)表头允许通过的电流很小,只有在确定通过表头的电流不会超过量程后,才能接通电源。

(2)电源输出要从零开始缓慢增加,直到满足实验要求。

(3)实验结束,应先关闭电源,再拆除线路。

【实验数据记录与处理】

1. 表头参数

表头准确度等级	表头量程 $I_g(\mu A)$	表头内阻 $R_g(\Omega)$

2. 扩程电阻

电阻	$R_{S1}(\Omega)$	$R_{S2}(\Omega)$	$R_{H1}(\Omega)$	$R_{H2}(\Omega)$
理论值				
实际值				

3. 0～1 mA 电流表的校准

标准电流表量程_____ mA,准确度等级_____。

改装表读数 I_x(mA)	0.00	0.20	0.40	0.60	0.80	1.00
电流减小时标准表读数 I_{S1}(mA)						
电流上升时标准表读数 I_{S2}(mA)						
标准表读数 $I_S=(I_{S1}+I_{S2})/2$(mA)						
绝对误差 $\Delta I=I_x-I_S$(mA)						

数据处理如下:

(1)绘制校准曲线。

(2)计算 0～1 mA 电流表的标称误差。

(3)确定 0～1 mA 电流表的准确度等级。

4. 0～5 mA 电流表的校准

标准电流表量程_____ mA,准确度等级_____。

改装表读数 I_x(mA)	0.00	1.00	2.00	3.00	4.00	5.00
电流减小时标准表读数 I_{S1}(mA)						
电流上升时标准表读数 I_{S2}(mA)						
标准表读数 $I_S=(I_{S1}+I_{S2})/2$(mA)						
绝对误差 $\Delta I=I_x-I_S$(mA)						

数据处理如下:

(1)绘制校准曲线。

(2)计算 0～5 mA 电流表的标称误差。

(3)确定 0～5 mA 电流表的准确度等级。

5.0～5 V 电压表的校准

标准电压表量程_____V,准确度等级_____。

改装表读数 U_x(V)	0.00	1.00	2.00	3.00	4.00	5.00
电压下降时标准表读数 U_{S1}(V)						
电压上升时标准表读数 U_{S2}(V)						
标准表读数 $U_S=(U_{S1}+U_{S2})/2$(V)						
绝对误差 $\Delta U=U_x-U_S$(V)						

数据处理如下:

(1)绘制校准曲线。

(2)计算 0～5 V 电压表的标称误差。

(3)确定 0～5 V 电压表的准确度等级。

6.0～15 V 电压表的校准

标准电压表量程_____V,准确度等级_____。

改装表读数 U_x(V)	0.00	3.00	6.00	9.00	12.00	15.00
电压下降时标准表读数 U_{S1}(V)						
电压上升时标准表读数 U_{S2}(V)						
标准表读数 $U_S=(U_{S1}+U_{S2})/2$(V)						
绝对误差 $\Delta U=U_x-U_S$(V)						

数据处理如下:

(1)绘制校准曲线。

(2)计算 0～15 V 电压表的标称误差。

(3)确定 0～15 V 电压表的准确度等级。

【思考题】

(1)什么是表头的量程? 表头的量程与表头的灵敏度有什么关系?

(2)如果要将量限 50 μA、内阻 3500 Ω 的微安表改装成

0～1.5～3～7.5 V的多量限电压表,那么串联的各分压电阻的阻值是多少?

(3)校准电流表时,如果改装表满刻度时相对应标准表的读数比改装表量程大,此时应该把改装表的分流电阻阻值调大还是调小?为什么?

(4)校准电压表时,如果改装表满刻度时相对应标准表的读数比改装表量程大,此时应该把改装表的分压电阻阻值调大还是调小?为什么?

(5)为什么校准曲线不能画成光滑曲线?作校准曲线的意义是什么?

5.5 霍尔效应

当通有电流的金属导体平板放置在与电流和导体平板都垂直的磁场中时,在垂直于电流和磁场方向的导体平板两侧会产生一横向的电势差,这种现象是1879年霍尔在研究磁场对载流导体的作用力是作用在电流上还是作用在流过电流的导体上时,通过金箔实验发现的,因此称为霍尔效应。

当时,人们尚未发现电子,无法对霍尔效应作出正确解释。后来,随着科学技术的进步,人们了解到霍尔效应是运动的带电粒子受磁场作用的结果。20世纪40年代,人们发现半导体也有霍尔效应,且半导体的霍尔效应比金属的霍尔效应要强得多。20世纪50年代以来,随着半导体工艺的发展,先后制成了多种能产生霍尔效应的材料,霍尔效应的应用迅速地发展起来。1980年,克利青等人在研究极低温度和强磁场中的半导体时发现了量子霍尔效应,克利青也因此获得了1985年的诺贝尔物理学奖。1982年,崔琦等人在更强磁场下研究量子霍尔效应时发现了分数量子霍尔效应,这个发现使人们对量子现象的认识更进一步,他们也因此获得了1998年的诺贝尔物理学奖。2007年,张首晟预言"量子自旋霍尔效应",之后该预言被实验证实,这一成果被美国《科学》杂志评为2007年十大科学进展之一。2013年,由清华大学薛其坤院士领衔,清华大学、中国科学院物理研究所和斯坦福大学研究人员联合组成的团队在量子反常霍尔效应研究中取得重大突破,他们从实验中首次观测到量子反常霍尔效应——不需要外加磁场的霍尔效应。这是由中国科学家主导的实验研究中观测到的一个重要物理现象,也是物理学领域基础研究的一项重要科学发现。

目前,霍尔效应已在测量、自动控制、计算机和信息技术等方面得到广泛应用。掌握这一富有实用性的实验,对同学们今后的工作大有裨益。

【实验目的】

(1)掌握霍尔效应的原理。

(2)测量样品的 $V_H - I_S$ 和 $V_H - I_M$ 曲线。

(3)确定样品的导电类型,测量样品的载流子浓度和迁移率。

(4)学习用对称交换测量法消除由于负效应产生的系统误差。

【实验仪器】

TH-H 型霍尔效应实验仪、TH-H 霍尔效应测试仪。

【实验原理】

1. 霍尔效应

若将一块长为 l,宽为 b,厚度为 d 的金属薄片或半导体薄片置于 xOy 平面,电流 I_S 沿 x 轴方向,磁场 $\boldsymbol{B}$ 沿 z 轴方向,如图 5-5-1(a)所示,则在金属薄片或半导体薄片垂直于 $\boldsymbol{B}$ 和 I_S 方向的两侧 A、A′ 会产生一个电势差 $V_{AA'}$。这一现象称为霍尔效应,$V_{AA'}$ 称为霍尔电势差,记为 V_H。电势差 V_H 与工作电流 I_S 成正比,与磁感应强度 B 成正比,与薄片的厚度 d 成反比,即

$$V_H = R_H \frac{I_S B}{d} \qquad (5-5-1)$$

式中,R_H 为霍尔系数,是反映材料霍尔效应强弱的重要参数,其值与材料的性质及温度有关。

霍尔效应是运动带电粒子在磁场中受洛伦兹力的作用而引起

偏转的结果。当带电粒子被约束在固体材料中,就会在垂直电流和磁场的方向的两侧产生正、负电荷的聚积,从而形成横向电场 E_H。在半导体中,若载流子带正电荷,载流子的漂移运动方向和电流 I_S 方向相同,磁场 B 方向沿 z 轴正方向,它受到的洛伦兹力 $F_B=q(v \times B)$ 的方向向下(沿 $-y$ 轴),导致 A′一侧有正电荷积累,A 一侧有多余的负电荷,两侧出现电势差,且 A′点电势比 A 点高,如图 5-5-1(b)所示。若载流子带负电荷,载流子的漂移运动方向与电流 I_S 方向相反,它所受的洛伦兹力的方向仍然向下(沿 $-y$ 轴),导致 A′点一侧有负电荷积累,A 点一侧有多余的正电荷,两侧也出现电势差,此时 A′点电势比 A 点低,如图 5-5-1(c)所示。

当电流方向一定时,薄片中载流子的类型决定 A、A′两侧横向电势差 $V_{AA'}$ 的符号。因此,通过测量 A、A′两侧横向电势差 $V_{AA'}$,就可以判断薄片中载流子的类型。

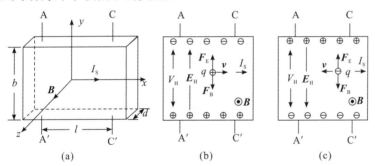

图 5-5-1 霍尔效应

设薄片中载流子的平均定向运动速率为 $\bar{v}$,电量为 q。垂直磁场 B 对运动电荷的作用力(洛伦兹力)的大小为

$$F_B = q\bar{v}B$$

A、A′之间电势差 $V_{AA'}$,形成一个横向电场 E_H,载流子受到的电场力 F_E 与洛伦兹力反向,其大小为

$$F_E = qE = q\frac{V_{AA'}}{b}$$

随着载流子在边界的积累,A、A′之间的电势差越来越大,电场越来越强,电场对载流子的作用力逐渐增大,当载流子受到的电场力与洛伦兹力大小相等,即 $F_B = F_E$ 时,载流子不再产生横向的偏转。此

时有

$$q\bar{v}B = qE_H = q\frac{V_H}{b} \qquad (5\text{-}5\text{-}2)$$

设载流子的浓度为 n,则电流密度为

$$j = nq\bar{v}$$

通过横截面的电流

$$I_S = jbd = nq\bar{v}bd$$

则载流子的平均运动速率为

$$\bar{v} = \frac{I_S}{nqbd} \qquad (5\text{-}5\text{-}3)$$

将式(5-5-3)代入式(5-5-2)中,得

$$V_H = \frac{1}{nq}\frac{I_S B}{d} \qquad (5\text{-}5\text{-}4)$$

将式(5-5-4)与式(5-5-1)相比较,得霍尔系数

$$R_H = \frac{1}{nq} \qquad (5\text{-}5\text{-}5)$$

2. 半导体样品的参数

(1)霍尔系数。由式(5-5-1)可得

$$R_H = \frac{V_H d}{I_S B} \qquad (5\text{-}5\text{-}6)$$

已知样品的厚度 d,实验测量出霍尔电势差 V_H、工作电流 I_S 和磁感应强度 B,可求出样品的霍尔系数 R_H。

(2)判断样品的导电类型。判断的方法是按图 5-5-1 所示的工作电流 I_S 和磁感应强度 B 的方向,如果测得的霍尔电势差 $V_H = V_{AA'} > 0$,则样品的霍尔系数 $R_H > 0$,样品属于 P 型;反之,则样品的霍尔系数 $R_H < 0$,样品属于 N 型。

(3)样品的载流子浓度。由式(5-5-5)、式(5-5-6)可得,样品的载流子浓度为

$$n = \frac{1}{R_H q} \qquad (5\text{-}5\text{-}7)$$

上式是在所有载流子定向漂移速度都相同这一假设条件下得到的。考虑载流子定向漂移速度不相同的影响,需要引入修正因子 $3\pi/8$,

即

$$n = \frac{3\pi}{8} \frac{1}{R_H q} \qquad (5\text{-}5\text{-}8)$$

(4)样品中载流子的迁移率。A、C 引线之间薄片的长度为 l，电势差为 V_σ，根据欧姆定律，A、C 之间的电阻为

$$R = \frac{V_\sigma}{I_S}$$

又有

$$R = \rho \frac{l}{S} = \frac{1}{\sigma} \frac{l}{bd}$$

于是样品的电导率为

$$\sigma = \frac{l}{bdR} = \frac{I_S l}{bd V_\sigma} \qquad (5\text{-}5\text{-}9)$$

迁移率定义为

$$\mu = \frac{|\bar{v}|}{E} \qquad (5\text{-}5\text{-}10)$$

其单位是 $\mathrm{m^2 \cdot V^{-1} \cdot s^{-1}}$ 或 $\mathrm{cm^2 \cdot V \cdot s^{-1}}$。写成欧姆定律的微分形式

$$\boldsymbol{j} = \sigma \boldsymbol{E}$$

即

$$nq\bar{v} = \sigma E$$

于是

$$\mu = \frac{|\bar{v}|}{E} = \frac{\sigma}{|nq|} = |R_H|\sigma \qquad (5\text{-}5\text{-}11)$$

综上所述：

①对于 N 型半导体，载流子为电子，霍尔系数为负，则霍尔电势差 $V_H < 0$；对于 P 型半导体，载流子为空穴，霍尔系数为正，则霍尔电势差 $V_H > 0$。

②霍尔系数 R_H 与载流子浓度 n 成反比，因此，霍尔电势差 V_H 与载流子浓度 n 成反比，薄片材料的载流子浓度 n 越大，霍尔电势差 V_H 就越小。一般金属材料的载流子是自由电子，其浓度 n 很大，因此，金属材料的霍尔系数 R_H 很小，霍尔效应不显著。半导体材料的载流子浓度远小于金属材料的载流子浓度，故而霍尔系数较大，能

够产生较大的霍尔电势差,使得霍尔效应有了实用价值。

3. 霍尔电势差测量中的附加电势差及减小系统误差的方法

在实际测量中,A、A′之间的电势差并不等于真实的霍尔电势差 V_H,而是包含了一些附加的电势差,这种系统误差必须尽量减小。

(1)霍尔元件的副效应。霍尔的发现引起了当时科学界的重视,吸引了一批科学家进入这一领域,很快就发现了埃廷斯豪森效应、能斯特效应和里吉-勒迪克效应。

①埃廷斯豪森效应(温差电效应)引起的附加电势差 V_E。1887年,埃廷斯豪森发现,由于形成电流的载流子速度不同,它们在磁场中受到的洛伦兹力的大小也不同。若漂移速度为 v 的载流子所受到的洛伦兹力与霍尔电场的作用力恰好相等,则速度大于 v 的载流子受到的洛伦兹力大于霍尔电场的作用力,载流子逆着电场方向运动;速度小于 v 的载流子受到的洛伦兹力小于霍尔电场的作用力,载流子顺着电场方向运动。这些载流子在霍尔元件的两侧,其动能转化为热能,导致霍尔元件产生横向热流,形成横向温度梯度。由此产生温差电效应,形成附加电势差,记为 V_E。$V_E \propto I_S B$,其方向由 I_S 和 B 的方向决定,与 V_H 始终同向。

②能斯特效应(热磁效应直接引起的附加电势差 V_N)。由于霍尔元件两端电流引线的接触电阻不相等,工作电流在两电极处将产生不同的焦耳热,使霍尔元件两端产生温度差,导致在 x 方向产生温度梯度,从而引起载流子沿梯度方向扩散而形成热电流。热电流在磁场的作用下,在 y 方向产生一个附加电场 E_N,因而有一个相应的附加电势差 V_N,其方向与 I_S 流向无关,只随磁场方向改变而改变。

③里吉-勒迪克效应(热磁效应产生的温差引起的附加电势差 V_{RL})。由于热电流的载流子的迁移率不同,类似于埃廷斯豪森效应,会形成一个横向的温度梯度,因此产生附加电势差,记为 V_{RL},其方向也与 I_S 的流向无关,只随磁场方向改变而改变。

(2)不等势电势差。在制作霍尔元件时,电极 A、A′ 不可能焊在同一个等势面上,因此,当工作电流流过霍尔元件时,即使不存在磁场,在电极 A 和 A′ 之间也会产生一个附加电势差 $V_0 = I_S R_x$,R_x 是沿 x 轴方向 A、A′ 间的电阻,这个电势差称为不等势电势差,显然,它与磁场无关,只随电流改变。

(3)减小系统误差的方法。实验测得的电极 A 和 A' 之间的电势差并不等于真实的霍尔电势差 V_H,它包含上述四种附加电势差,形成测量中的系统误差,必须设法消除或减小这些附加电势差。根据附加电势差产生的原理,可以采用电流和磁场换向的对称测量方法,即保持工作电流 I_S 和磁场 $\boldsymbol{B}$ 的大小不变,分别改变 I_S 和 $\boldsymbol{B}$ 的方向,测量四种不同组合的 A 和 A' 之间的电势差 V_1、V_2、V_3 和 V_4,即

当$(+B、+I_S)$时,测得电势差

$$V_1 = V_H + V_E + V_N + V_{RL} + V_0$$

当$(+B、-I_S)$时,测得电势差

$$V_2 = -V_H - V_E + V_N + V_{RL} - V_0$$

当$(-B、-I_S)$时,测得电势差

$$V_3 = V_H + V_E - V_N - V_{RL} - V_0$$

当$(-B、+I_S)$时,测得电势差

$$V_4 = -V_H - V_E - V_N - V_{RL} + V_0$$

消去 V_N、V_{RL} 和 V_0,得

$$V_H = \frac{1}{4}(V_1 - V_2 + V_3 - V_4) + V_E$$

因 $V_E \ll V_H$,一般可忽略不计,所以

$$V_H = \frac{1}{4}(V_1 - V_2 + V_3 - V_4) \qquad (5\text{-}5\text{-}12)$$

通过对称测量法求出的 V_H,虽然不能完全消除系统误差,但其引入的系统误差很小,可以忽略不计。本实验采用对称测量法。

【实验内容】

1. 了解仪器性能,正确连线

(1)正确无误地完成测试仪和实验仪之间相对应的 I_S、I_M 和 V_H 各组的连线。

(2)将测试仪的"I_S 调节"和"I_M 调节"旋钮均置零位(即逆时针旋到底)。

(3)接通电源,预热数分钟后,电流表显示". 000"(按下"测量选

择"键时)或"0.00"(放开"测量选择"键时),电压表显示"0.00"。

(4)根据电路首先判断出 I_S 换向开关掷向上方还是下方时 I_S 为正值(即 I_S 是否沿 x 轴方向);再判断出 I_M 换向开关掷向上方还是下方时 B 为正值(即 B 是否沿 z 轴方向)。

2. 测绘 $V_H - I_S$ 曲线

(1)将测试仪的"功能切换"置于 V_H,将"V_H,V_σ 输出"切换开关拨向 V_H 一侧。

(2)按下"测量选择"键,顺时针转动"I_M 调节"旋钮,使励磁电流 $I_M = 0.600$ A,并保持不变。

(3)放开"测量选择"键,顺时针转动"I_S 调节"旋钮,使工作电流 I_S 依次为 0.50 mA、1.00 mA、1.50 mA、2.00 mA、2.50 mA 和 3.00 mA。按对称测量法,对上述每个 I_S 值测出对应的 V_1、V_2、V_3 和 V_4 值,填入对应的表中。

(4)记录励磁线圈上的常数 G_K,由 $B = I_M G_K$ 计算磁场的磁感应强度大小,再由式(5-5-12)计算出 V_H。以 I_S 为横坐标,V_H 为纵坐标作图,求出直线的斜率,由斜率进而求出霍尔系数 R_H,判断导电类型,计算载流子浓度 n。

3. 测绘 $V_H - I_M$ 曲线

(1)保持测试仪的"功能切换"置于 V_H,"V_H,V_σ 输出"切换开关拨向 V_H 一侧。

(2)放开"测量选择"键,顺时针转动"I_S 调节"旋钮,使工作电流 $I_S = 2.00$ mA,并保持不变。

(3)按下"测量选择"键,顺时针转动"I_M 调节"旋钮,使工作电流 I_M 依次为 0.100 A、0.200 A、0.300 A、0.400 A、0.500 A 和 0.600 A。按对称测量法,对上述每个 I_M 值测出相应的 V_1、V_2、V_3 和 V_4 值,填入对应的表中。

(4)由式(5-5-12)计算出 V_H,以 I_M 为横坐标,V_H 为纵坐标作图,求出直线的斜率。

4. 测量 V_σ

首先断开 I_M 换向开关,使磁场为零,然后放开"测量选择"键,将"I_S 调节"旋钮逆时针旋到底,再将测试仪的"功能切换"置于 V_σ,将"V_H,V_σ 输出"切换开关拨向 V_σ 一侧。顺时针转动"I_S 调节"旋钮,使工作电流 I_S= 2.00 mA,测出对应的 V_σ,计算出迁移率 μ。

【注意事项】

(1)半导体霍尔元件又薄又脆,电极很细,易断,切勿撞击或用手触摸。在需要调节霍尔元件的位置时,必须谨慎、轻柔、缓慢,以免碰坏霍尔元件。

(2)样品各电极的引线与对应的双刀开关之间的连线已由制造厂家连接好,请勿再动。

(3)霍尔元件容许通过的电流很小,严禁将测试仪的励磁电源"I_M 输出"误接到实验仪的"I_S 输入"或"V_H,V_σ 输出"处。

(4)开机前,应将测试仪的"I_S 调节"和"I_M 调节"旋钮均逆时针旋到底,使其输出电流为最小状态,然后再接通电源。关机前,也要将测试仪的"I_S 调节"和"I_M 调节"旋钮均逆时针旋到底,然后再切断电源。

【实验数据记录与处理】

d=0.50 mm,b=4.00 mm,l=3.00 mm,G_K=_____。

1. 测绘 V_H－I_S 曲线

I_M=0.600 A,B=$I_M G_K$=_____

I_S (mA)	V_1(mV) +B、+I_S	V_2(mV) －B、+I_S	V_3(mV) －B、－I_S	V_4(mV) +B、－I_S	$V_H = \dfrac{V_1-V_2+V_3-V_4}{4}$(mV)
0.50					
1.00					
1.50					
2.00					
2.50					
3.00					

数据处理如下:

(1)绘制 V_H－I_S 曲线。

(2)用最小二乘法求拟合曲线的斜率 k。

(3)根据式(5-5-1)和斜率 k 计算霍尔系数。

$$R_H = k\frac{d}{B} =$$

(4)根据 R_H 判断导电类型。

(5)计算载流子浓度。

$$n = \frac{3\pi}{8}\frac{1}{|R_H|e} =$$

2. 测绘 $V_H - I_M$ 曲线

$I_S = 2.00$ mA。

I_M (mA)	V_1 (mV) +B、+I_S	V_2 (mV) −B、+I_S	V_3 (mV) −B、−I_S	V_4 (mV) +B、−I_S	$V_H = \dfrac{V_1 - V_2 + V_3 - V_4}{4}$ (mV)
0.100					
0.200					
0.300					
0.400					
0.500					
0.600					

数据处理如下:

(1)绘制 $V_H - I_M$ 曲线。

(2)用最小二乘法求拟合曲线的斜率 k。

(3)根据式(5-5-1)和斜率 k 计算霍尔系数。

$$R_H = k\frac{d}{I_S G_K} =$$

3. 测量 V_σ

$I_S = 2.00$ mA。

I_S	$|V_\sigma|$ (mV)
+	
−	
平均	

数据处理如下:

(1)计算 V_σ 的平均值和电导率。

$$\sigma = \frac{I_s l}{V_\sigma b d} =$$

(2)计算载流子的迁移率。

$$\mu = |R_H| \sigma =$$

【思考题】

(1)什么是霍尔效应? 产生霍尔效应应具备哪些条件? 为什么半导体的霍尔效应比导体的霍尔效应显著?

(2)怎么确定霍尔元件载流子的类型?

(3)在测量霍尔电势差时,有哪些副效应?

(4)霍尔效应实验仪为什么要装换向开关?

(5)若磁场方向不垂直于霍尔元件平面,对测量结果有什么影响?

5.6 螺线管内部磁场的测量

磁场是磁学中最基本的概念之一,日常生活、工业农业生产及国防、科学研究的许多领域都要涉及磁场测量问题。测量磁场的方法很多,大体上可分成三大类:一是使用线圈的基于磁感应的方法;二是基于测量磁场引起的某种作用力的方法;三是基于测量因磁场的存在而使材料的各种特性发生变化的方法。常用的测量磁场的方法有电磁感应法、磁通门法、磁共振法、霍尔效应法、光泵法、磁光效应法、磁膜测磁法以及超导量子干涉器法等。其中,霍尔效应法是实验室测量磁场最常用的方法之一。1879 年,霍尔发现了霍尔效应。1910 年,有人用铋制成霍尔元件来测量磁场,由于金属材料的载流子浓度大,霍尔效应不明显,因此当时并未引起人们的重视。1948 年以后,随着半导体工艺和材料的发展,出现了霍尔效应显著的半导体材料。1959 年,第一个商品化的霍尔元件问世,1960 年就发展出近百种霍尔元件,它们成为通用型的测量仪器,测量范围从 10^{-7} T 的弱磁场到 10 T 的强磁场,测量精度的相对误差为 $10^{-3} \sim$

10^{-2},尤其适合于小间隙空间测量。

本实验就是利用霍尔效应法测量螺旋管中心轴线上的磁场。

【实验目的】

(1)了解利用霍尔效应测量磁场的原理。

(2)测量长直螺线管中心轴线上磁感应强度的分布,绘制分布曲线。

【实验仪器】

HLZ-2型螺线管磁场仪、TH-H/S型霍尔效应螺线管磁场测定仪。

【实验原理】

1. 利用霍尔效应测量磁场

半导体霍尔元件两侧的霍尔电势差 V_H 与工作电流 I_S 成正比,与磁感应强度 B 成正比,与薄片的厚度 d 成反比,即

$$V_H = R_H \frac{I_S B}{d} \qquad (5\text{-}6\text{-}1)$$

式中,R_H 为霍尔系数。

霍尔元件是利用霍尔效应制成的电磁转换元件,成品霍尔元件的霍尔系数 R_H 和厚度 d 是一定的,定义

$$K_H = \frac{R_H}{d} \qquad (5\text{-}6\text{-}2)$$

式中,K_H 称为霍尔元件的灵敏度(其值由厂家提供),它表示霍尔元件在单位磁感应强度的磁场中,通过单位工作电流时,霍尔电势差的大小,单位为 mV/(mA·G)。于是,霍尔电势差可以写成

$$V_H = K_H I_S B$$

如果测量出工作电流和霍尔电势差,就可以计算出磁感应强度的大小,即

$$B = \frac{V_H}{K_H I_S} \qquad (5\text{-}6\text{-}3)$$

这就是利用霍尔效应测量磁场的原理。

2. 螺线管轴线上的磁场分布

图 5-6-1 所示为螺线管剖面图,设螺线管长度为 L,匝数为 N,单位长度上线圈匝数为 $n = N/L$,平均直径为 D。取螺线管轴线为 x 轴,以中点为坐标原点 O,根据毕奥-萨伐尔公式,可求出轴上点 x 处的磁感应强度的大小为

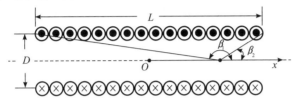

图 5-6-1 螺线管剖面图

$$B = \frac{\mu_0}{2}\frac{N}{L}I_M(\cos\beta_2 - \cos\beta_1) \tag{5-6-4}$$

式中,$\mu_0 = 4\pi \times 10^{-7}\,\text{N} \cdot \text{A}^{-2}$,为真空磁导率,$I_M$ 为励磁电流。由图 5-6-1 中的几何关系可得

$$\cos\beta_1 = -\frac{x+\dfrac{L}{2}}{\sqrt{\left(\dfrac{D}{2}\right)^2 + \left(x+\dfrac{L}{2}\right)^2}}$$

$$\cos\beta_2 = \frac{\dfrac{L}{2}-x}{\sqrt{\left(\dfrac{D}{2}\right)^2 + \left(\dfrac{L}{2}-x\right)^2}} = -\frac{x-\dfrac{L}{2}}{\sqrt{\left(\dfrac{D}{2}\right)^2 + \left(x-\dfrac{L}{2}\right)^2}}$$

于是式(5-6-4)可改写为

$$B = \frac{\mu_0}{2}\frac{N}{L}I_M\left[-\frac{x+\dfrac{L}{2}}{\sqrt{\left(\dfrac{D}{2}\right)^2 + \left(x+\dfrac{L}{2}\right)^2}} - \frac{x-\dfrac{L}{2}}{\sqrt{\left(\dfrac{D}{2}\right)^2 + \left(x-\dfrac{L}{2}\right)^2}}\right]$$

$$\tag{5-6-5}$$

式(5-6-5)表示螺线管轴线上磁感应强度的分布。显然,当 $x=0$ 时,B 达到最大值,记作 B_0,即

$$B_0 = \frac{\mu_0}{2}\frac{N}{L}I_M\frac{2L}{\sqrt{D^2+L^2}} = \frac{\mu_0 N}{\sqrt{D^2+L^2}}I_M \tag{5-6-6}$$

螺线管轴线上各点的磁感应强度与中点 O 的磁感应强度比值为

$$\frac{B}{B_0} = \frac{\sqrt{D^2 + L^2}}{2L}\left[\frac{x + \dfrac{L}{2}}{\sqrt{\left(\dfrac{D}{2}\right)^2 + \left(x + \dfrac{L}{2}\right)^2}} - \frac{x - \dfrac{L}{2}}{\sqrt{\left(\dfrac{D}{2}\right)^2 + \left(x - \dfrac{L}{2}\right)^2}}\right]$$

$$(5\text{-}6\text{-}7)$$

当螺线管的长度 L 与直径 D 满足 $L > 10D$ 时,则螺线管中心磁感应强度 $B_0 \approx \mu_0 n I_M$。中间有相当长的一段距离,B 接近于 B_0,只是到端口附近,B 才明显减小,端口处的 $B \approx B_0/2$。

【实验内容】

(1)正确无误地完成测试仪和螺线管磁场仪之间相对应的 I_S、I_M 和 V_H 连线。

(2)按下"测量选择"键,闭合 I_M 换向开关,顺时针转动"I_M 调节"旋钮,使励磁电流 $I_M = 1.000$ A,然后暂时断开 I_M 换向开关。

(3)放开"测量选择"键,闭合 I_S 换向开关,顺时针转动"I_S 调节"旋钮,使工作电流 $I_S = 10.00$ mA。

(4)将测试仪的"功能切换"置于 V_H,将"V_H,V_σ 输出"切换开关倒向 V_H 一侧。

(5)将霍尔元件调到螺线管中心 $x = 0.00$ cm(读数为 14.00 cm)的位置,按对称测量法测出相应的 V_1、V_2、V_3 和 V_4,填入对应的表中。

(6)将霍尔元件调到螺线管的 $x = 1.00$ cm(读数为 13.00 cm)的位置,重复步骤(5)。

(7)分别将霍尔元件调到螺线管的 $x = 2.00$ cm,3.00 cm,4.00 cm,5.00 cm,6.00 cm,7.00 cm,8.00 cm,9.00 cm,10.00 cm,10.50 cm,11.00 cm,11.50 cm,12.00 cm,12.50 cm,13.00 cm,13.50 cm,14.00 cm,14.45 cm,14.90 cm 的位置,重复步骤(5)。

(8)计算出 V_H,再根据式(5-6-3)求出磁感应强度 B,R_H 在本书第 5.5 节中已测得。

【注意事项】

(1)霍尔元件容易损坏,必须注意避免霍尔元件进出螺线管时发生碰撞。

（2）样品各电极引线与对应的双刀开关之间的连线已由制造厂家连接好,请勿再动。

（3）霍尔元件容许通过的电流很小,严禁将测试仪的励磁电源" I_M 输出"误接到实验仪的" I_S 输入"或" V_H , V_σ 输出"处。

（4）为了不使螺线管过热,在记录数据时,应断开励磁电流的换向开关。

【实验数据记录与处理】

$I_M = 1.000$ A, $I_S = 10.00$ mA, $K_H = $ _____。

x(cm)	V_1(mV) +B、+I_S	V_2(mV) −B、+I_S	V_3(mV) −B、−I_S	V_4(mV) +B、−I_S	$V_H = \dfrac{V_1 - V_2 + V_3 - V_4}{4}$ (mV)	B(T)
0.00						
1.00						
2.00						
3.00						
4.00						
5.00						
6.00						
7.00						
8.00						
9.00						
10.00						
10.50						
11.00						
11.50						
12.00						
12.50						
13.00						
13.50						
14.00						
14.45						
14.90						

数据处理:以 x 为横坐标,以 B 或 B/B_0 为纵坐标,在毫米方格

纸上画出螺线管轴线上的磁感应强度分布曲线。

【思考题】

(1)怎样测定霍尔元件的灵敏度?

(2)怎样利用霍尔效应来测量磁场?

(3)怎样利用霍尔效应测量交变磁场?

(4)利用霍尔效应测量磁场的误差来自哪里?

(5)利用霍尔效应测量磁场时,如何确定磁感应强度的方向?

5.7 用板式电位差计测量电池的电动势和内阻

直流电位差计是一种用来测量直流电动势和电压的仪器,由于它采用电势比较测量的方法,依据补偿原理进行测量,且与之配合使用的标准电池的电动势非常稳定,用于检测电流的灵敏电流计的灵敏度也很高,所以测量的准确度较高。电位差计不仅可以测量电动势或电压,与标准电阻配合时还可以测量电流、电阻和校准各种精密电表。在非电学参量(如温度、压力、位移和速度等)的电测法中,电位差计也占有重要地位。在科学研究和工程技术中广泛使用电位差计进行自动控制和自动检测。

电位差计有多种类型,在大学物理实验中通常采用板式十一线电位差计作为教学仪器来介绍电位差计的工作原理和使用方法。它具有结构简单、直观性强等特点,便于学习和掌握。本实验就是利用板式十一线电位差计来测量干电池的电动势和内阻。

【实验目的】

(1)学习和掌握补偿法原理及电位差计的工作原理、结构和特点。

(2)学习估算和确定实验工作参数的方法。

(3)了解标准电池及其使用方法。

(4)掌握用板式电位差计测量电源电动势及其内阻的方法。

(5)掌握补偿点的调节方法——互补及逐次逼近法。

【实验仪器】

板式十一线电位差计、标准电池、直流稳压电源、电阻箱、检流计、滑线变阻器、待测干电池、开关和导线等。

【实验原理】

电源的电动势是描述电源性质的特征量和重要标志,它与外电路是否存在、外电路的性质以及是否形成回路无关。用磁电式电压表来测量电源时,电压表并联在电源的两端,如图 5-7-1 所示,电源内部会有电流 I,这个电流必然在电源内阻 r 上产生一个电压降 Ir,此时电压表的读数为

$$U = E - Ir \tag{5-7-1}$$

电压表的读数并不等于电源电动势的实际量值 E。要想得到电源电动势的实际量值 E,就必须满足 $r=0$ 或 $I=0$。电源的内阻不可能为零,而 $I=0$ 时,电压表的指针不会转动,自然无法给出电压值。因此,电压表不能直接准确地测量出电源的电动势。

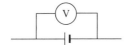

图 5-7-1 电压表测量电源电动势

电压表既然不能直接准确地测量电动势,那是否可以直接准确地测量出电压呢? 用电压表测量电压时,由于电压表有一定的内阻 R_V,并联在电路上时,会改变被测量系统的状态,使测量产生系统误差。如果要测量图 5-7-2(a)中电阻 R_2 两端的电压,在未接入电压表时,R_2 两端的电压为

$$U_2 = \frac{R_2}{R_1 + R_2 + r} \cdot E \tag{5-7-2}$$

当在 R_2 两端接上电压表进行测量时,如图 5-7-2(b)所示,由于电压表有一定的内阻 R_V,此时外电路的电阻变成 $R_1 + \dfrac{R_2 R_V}{R_2 + R_V}$,电压表测量到 R_2 两端的电压为

$$U'_2 = \frac{\dfrac{R_2 R_{\mathrm{V}}}{R_2 + R_{\mathrm{V}}}}{R_1 + \dfrac{R_2 R_{\mathrm{V}}}{R_2 + R_{\mathrm{V}}} + r} \cdot E \tag{5-7-3}$$

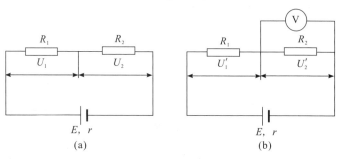

图 5-7-2　电压表测量电阻两端电压

显然 $U_2 \neq U'_2$，这表明在 R_2 上并联电压表测得的电压值已不是原来电路上 R_2 两端的电压值了。从上面的讨论可知，电压表不仅不能直接准确地测量出电源的电动势，也不能直接准确地测量出电阻两端的电压。

1. 补偿法

补偿法是物理实验中的一种常用方法。当系统受某种作用产生 A 效应时，系统也会受另一种同类作用产生 B 效应，如果由于 B 效应的存在而使 A 效应显示不出来，就叫作 B 效应对 A 效应进行了补偿。关于补偿法的具体内容见本书第三章。

要想直接准确地测量一个电源的电动势，就必须在没有任何电流通过该电源的情况下测量它的路端电压。如图 5-7-3 所示的电路，其中 E_x 是待测电源的电动势，E_{S} 为一连续可调的标准电源电动势，G 为灵敏检流计。一般情况下 $E_x \neq E_{\mathrm{S}}$，当回路中有电流存在时，检流计指针偏转。调节 E_{S} 使灵敏检流计指针指零，若回路中没有电流，则

$$E_x = E_{\mathrm{S}} \tag{5-7-4}$$

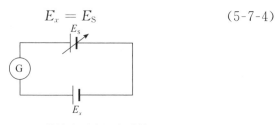

图 5-7-3　补偿法测电源电动势

此时称电路达到补偿。在补偿状态下,可以根据已知电动势 E_S 定出待测电源的电动势 E_x,这种测量方法称为补偿法。如果要测量一电路中某两点之间的电压,只需将这两点接入图 5-7-3 所示的补偿电路中替换 E_x,调节 E_S 使灵敏检流计指针指零,此时标准电源的电动势 E_S 的值就是要测量的两点电压值。

2. 电位差计工作原理

实际中,没有精度高且电动势连续可调的标准电源。为了实现上述补偿法测量,通常需要人为设计一个辅助回路,采用分压的方法来模拟电动势连续可调的电压。电位差计就是根据补偿原理制成的高精度分压装置。让一阻值连续可调的标准电阻上流过一恒定的工作电流,则该电阻两端的电压便可当作连续可调的标准电动势。

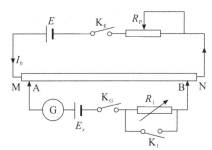

图 5-7-4　电位差计工作原理

图 5-7-4 所示为板式电位差计的原理图,图中 MN 是一根粗细均匀的电阻丝,电阻 R_{MN} 与电阻丝的长度 L 成正比,$R_0 = R_{MN}/L$ 为单位长度电阻丝的电阻。R_{MN} 与可变电阻 R_P、辅助电源 E 串联构成的闭合回路称为辅助回路。电阻丝 MN 上 AB 段与检流计 G、待测电源 E_x、保护电阻 R_1 组成的闭合回路称为补偿回路。辅助回路的作用是为补偿回路提供补偿电压。调节 R_P,使 $U_{MN} > E_x$,当接通 K_G 时,通过调节插头 A 的位置和滑动按键 B 的位置,一定能使检流计 G 的指针不发生偏转(示零),此时补偿回路得到了补偿,AB 两端的电压就等于待测电源的电动势 E_x,即

$$E_x = U_{AB} = IR_{AB} = IR_0 L_{AB} \tag{5-7-5}$$

由上式可见,只需测量出 AB 两端的电压 U_{AB},或者测量出辅助回路的电流 I、R_0 和 AB 间的长度 L_{AB},就能得到待测电源的电动势 E_x。

至于 U_{AB}、I 和 R_0 的测量,如果采用电压表测量电压 U_{AB},或者用电流表测量工作电流 I,用欧姆表测量单位长度电阻丝的电阻 R_0,那么测量结果的准确度不高,采用补偿法的意义也不大。为了提高测量的准确度,可以采用比较法,如图 5-7-5 所示。

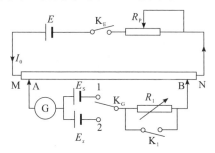

图 5-7-5 比较法原理

首先利用标准电源 E_S 对辅助回路的电流进行标准化,接通电键 K_E,断开 K_G,调节可变电阻 R_P,使 $U_{MN} > E_x$,$U_{MN} > E_S$。然后将电键 K_G 合向"1",调节插头 A 的位置和滑动按键 B 的位置,使检流计 G 的指针不发生偏转,E_S 与 U_{AB} 达到了补偿,即

$$E_S = U_{AB} = I_0 R_0 L_S \qquad (5\text{-}7\text{-}6)$$

式中,I_0 为辅助回路的标准化电流,L_S 为此时 AB 之间电阻丝的长度,R_0 为 MN 上单位长度电阻丝的电阻。这样电阻丝 MN 上任意两点间的电压可通过测量这两点间的距离来获得,而不需要使用电压表去测量。保持工作电流 I_0 不变,将电键 K_G 合向"2",调节插头 A 的位置和滑动按键 B 的位置,使检流计 G 的指针不发生偏转,E_x 与此时 AB 间的电压 U'_{AB} 达到了补偿,即

$$E_x = U'_{AB} = I_0 R_0 L_x$$

式中,L_x 为此时 AB 之间电阻丝的长度。比较 E_S 和 E_x,有

$$\frac{E_x}{E_S} = \frac{U'_{AB}}{U_{AB}} = \frac{I_0 R_0 L_x}{I_0 R_0 L_S} = \frac{L_x}{L_S}$$

于是,得

$$E_x = \frac{L_x}{L_S} E_S \qquad (5\text{-}7\text{-}7)$$

由式(5-7-7)可见,只要测量出 L_x 和 L_S,就可以得到 E_x。用电位差计测量电阻两端电压也是同样的道理。

3. 电位差计测电池电动势和内阻

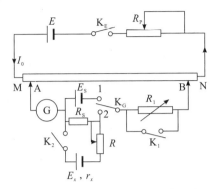

图 5-7-6　电位差计测电池电动势和内阻

根据全电路欧姆定律 $U=E_x-Ir_x$，要测量电池内阻 r_x，需要有电流通过电池，即要让电池构成回路。将图 5-7-5 中电池构建一个回路，得到图 5-7-6 所示电路。闭合 K_E，将 K_G 接"1"，对辅助回路的电流标准化(将辅助回路的电流调整为 I_0)。将 K_G 接"2"，闭合 K_2，调节插头 A 的位置和滑动按键 B 的位置，使检流计 G 的指针不发生偏转，则标准电阻 R_S 两端电压 U_S 与 AB 两点间电压 U_{AB} 达到了补偿，即

$$U_A = U_{AB} = IR_S \tag{5-7-8}$$

在电池 E_x、K_2、R_S 和 R 组成的回路中，电池的路端电压

$$U = E_x - Ir_x = I(R_S + R) \tag{5-7-9}$$

将式(5-7-8)与式(5-7-9)联立，整理得

$$\frac{1}{U_{AB}} = \frac{R_S + r_x}{E_x R_S} + \frac{1}{E_x R_S}R \tag{5-7-10}$$

电池电动势 E_x 和内阻 r_x 短时间内可以看作不变量，R_S 为标准电阻，取定值。从式(5-7-10)可以看出，$1/U_{AB}$ 与 R 呈线性关系，斜率 $k=1/E_x R_S$，截距 $b=(R_S+r_x)/(E_x R_S)$。由此可得电池的电动势和内阻为

$$E_x = \frac{1}{kR_S} \tag{5-7-11}$$

$$r_x = \frac{b}{k} - R_S \tag{5-7-12}$$

【实验内容】

(1)按图 5-7-6 所示连接电路,其中 R_P 为滑线变阻器,R_1 和 R 为电阻箱,R_S 为标准电阻。接线时需断开所有的开关,并特别注意不可将辅助电源 E、标准电池 E_S 和待测电池 E_x 的正负极接错。调节电源 E,使输出电压为 3~5 V。

(2)测量出实验室温度 t,查出温度 20 ℃标准电池的电动势 E_{20},然后根据公式 $E_S = E_{20} - [39.94(t-20) + 0.929(t-20)^2 - 0.0090(t-20)^3 + 0.00006(t-20)^4] \times 10^{-6}$ V 计算出室温 t 下标准电池的电动势 E_S。

(3)接通电键 K_E,断开 K_G,调节可变电阻 R_P,使 MN 两端的电压 $U_{MN} > E_x$,$U_{MN} > E_S$。

(4)先将限流电阻 R_1 调到 10000 Ω 以上,然后将电键 K_G 合向"1"。按照估算选好插头 A 的位置,接着调节滑动按键 B 的位置,使检流计 G 的指针不发生偏转。然后一边调小 R_1,一边调节滑动按键 B 的位置,使检流计 G 的指针指零,一直到 $R_1 = 10$ Ω 时,闭合开关 K_1,再调节滑动按键 B 的位置,使检流计 G 的指针指零,实现对辅助回路电路的标准化(电阻丝 MN 中电流为 I_0)。记下此时 A、B 之间电阻丝的长度 L_S,重复测量 5 次以上。

(5)将限流电阻 R_1 重新调到 10000 Ω 以上,然后将电键 K_G 合向"2",闭合 K_2,电阻 R 阻值设为 100.0 Ω,选择阻值 300 Ω 的标准电阻 R_S。按照估算选好插头 A 的位置,接着调节滑动按键 B 的位置,使检流计 G 的指针不发生偏转。然后一边调小 R_1,一边调节滑动按键 B 的位置,使检流计 G 的指针指零,一直到 $R_1 = 10$ Ω 时,闭合开关 K_1,再调节滑动按键 B 的位置,使检流计 G 的指针指零。记下此时 A、B 之间电阻丝的长度。

(6)依次改变电阻 R 的阻值为 200.0 Ω、300.0 Ω、400.0 Ω、500.0 Ω 和 600.0 Ω,重复步骤(5)操作,使标准电阻 R_S 两端电压得到补偿(检流计 G 的指针指零),并记录对应 A、B 之间电阻丝的长度 L_i。

(7)根据式(5-7-7),由记录的 L_i 值计算出每个 R 值下标准电阻 R_S 两端的电压 U_{ABi}。以 $1/U_{AB}$ 为纵坐标,R 为横坐标描点作图,并用最小二乘法计算斜率 k 和截距 b。

（8）实验完毕，关掉电源开关，拆除连线，整理好仪器和导线。

【注意事项】

（1）板式十一线电位差计上的电阻丝不要随意去拨动，以免影响电阻丝的长度和粗细均匀。

（2）标准电池是一种标准量具，决不允许短路或作为普通电源使用。严禁使用一般电表直接测量标准电池，使用时正负极不能接错。标准电池是内装化学溶液的玻璃容器，一定要小心、平稳取放。避免倾斜和振动，更不允许倒置。

（3）电位差计中设置的保护电阻不仅是为了保护检流计，也是为了保护标准电池。因此，在开始测量之前，保护电阻要调到最大值，当完全补偿时，保护电阻要调到零。

（4）使用电位差计测量时，必须先接通辅助回路，然后接通补偿回路。断开时，应先断开补偿电路，再断开辅助回路。

（5）严禁滑动按键按下后左右移动，以免刮伤电阻丝。

【实验数据记录与处理】

室温 $t=$ _____±_____℃，电阻 $R_S=300.0±$ _____ Ω。

标准电池 $E_{20}=$ _____ V，$E_S=$ _____±_____ V。

表 1　数据记录表（一）

次数 i 项目	1	2	3	4	5	6	平均值
L_S(m)							

表 2　数据记录表（二）

R_i(Ω)	100.0	200.0	300.0	400.0	500.0	600.0
L_i(m)						
U_{ABi}(V)						

数据处理如下：

（1）计算不同电阻 R 阻值（R_i）对应的标准电阻 R_S 两端的电压（U_{ABi}）。

（2）以 $1/U_{AB}$ 为纵坐标，R 为横坐标描点作图，并用最小二乘法计算斜率 k 和截距 b 及标准偏差 $s(k)$ 和 $s(b)$。

（3）由算得的斜率 k 和截距 b，根据式（5-7-11）和式（5-7-12）计算电池电动势和内阻及各自的不确定度。

$$\overline{E}_x = \frac{1}{kR_S} = \qquad\qquad u(E_x) =$$

$$\overline{r}_x = \frac{b}{k} - R_S = \qquad\qquad u(r_x) =$$

结果表示为

$$E_x = \overline{E}_x \pm u(E_x) =$$

$$r_x = \overline{r}_x \pm u(r_x) =$$

【思考题】

（1）为什么用电压表测量电势差时，所得的值比未接电压表时的值小？用什么方法可以测得精确的电势差？

（2）电位差计是利用什么原理来测量电源电动势的？

（3）调节电位差计平衡的必要条件是什么？

（4）决定板式十一线电位差计准确度的因素有哪些？

（5）检流计的灵敏度对电位差计测量的准确度有什么影响？

（6）在电位差计调平衡时，发现电流计指针总是偏向一边而不能补偿，请分析可能的原因有哪些。

（7）电位差计实验中标准电源起什么作用？使用时应注意什么问题？

【仪器介绍】

板式十一线电位差计的结构如图 5-7-7 所示。一根长 11 m 的粗细均匀的电阻丝往复绕在 11 个带插孔的接线柱上，相邻两插孔间的电阻丝长度为 1 m。插头可选插在插孔 0，1，2，…，10 中任一位置，构成阶跃式的"粗调"装置。最后 1 m 电阻丝的下方附有带毫米刻度的米尺，滑动按键可以在它上面滑动，构成连续变化的"细调"装置，这样电阻丝长度就可以在 0～11 m 之间连续变化。

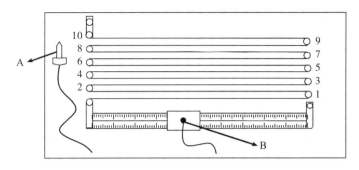

图 5-7-7　板式十一线电位差计结构图

5.8　用箱式电位差计校准电表

在电学测量中经常使用磁电式电表。这类电表经长期使用和保存后,各个元件的参数会发生变化,如电阻老化、磁铁的磁性减弱、金属部件锈蚀等,导致性能退化。另外,在使用过程中由于方法不当导致机械部件受振松动、轴承磨损等,都会影响电表性能,使其示值与实际值有所偏离,准确度降低。因此,必须对电表进行定期检测,对误差大者要及时检修,对误差小者可以校准,作出电表的校准曲线,之后再使用该电表时,可以根据校准曲线对读数加以修正。电位差计具有测量准确度较高、性能稳定等特点,因此,国家计量部门常采用电位差计来校准电表。本实验就是利用 UJ31 型低电势直流电位差计来校准电压表和电流表。

【实验目的】

(1)了解箱式电位差计的结构和原理。
(2)掌握箱式电位差计的正确使用方法。
(3)学会使用箱式电位差计校准电压表和电流表。

【实验仪器】

UJ31 型低电势直流电位差计、标准电池、直流电源、检流计、滑线变阻器、电阻箱、电压表、电流表、标准电阻开关和导线等。

【实验原理】

1. 电位差计的工作原理

箱式电位差计是用来精确测量电池电动势或电压的专门仪器。它将被测量与已知量相比较,在补偿的情况下实现测量,测量时不从被测电路吸收功率,加之实验使用的标准电池的电动势非常稳定,用作电压指示的灵敏电流计灵敏度较高,箱式电位差计可以实现较高精度的电压值比较,所以测量精度很高。图 5-8-1 所示为 UJ31 型低电势直流电位差计面板示意图。

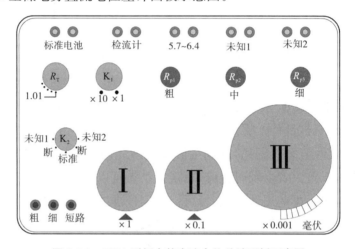

图 5-8-1　UJ31 型低电势直流电位差计面板示意图

图 5-8-2 所示为 UJ31 型低电势直流箱式电位差计的简单工作原理图。它由电源回路、标准回路和测量回路三部分组成。

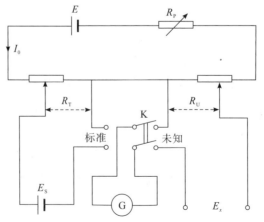

图 5-8-2　UJ31 型低电势直流箱式电位差计简单工作原理图

（1）工作电流标准化。根据 E_S 的值确定 R_T 的值，然后将转换开关 K 放在"标准"位置，再调节限流电阻 R_P，改变电源回路中的电流，使检流计指针指零，标准回路达到补偿，此时 R_T 上的电压降与标准回路的标准电池的电动势相等，有

$$E_S = I_0 R_T$$

或

$$I_0 = \frac{E_S}{R_T} \qquad\qquad (5\text{-}8\text{-}1)$$

式中，I_0 为该电位差计的工作电流，也称标准化电流。

（2）测量。将转换开关 K 拨在"未知"位置，接通测量回路，调节 R_U 使回路达到补偿状态，检流计指针指零，有

$$E_x = I_0 R_U \qquad\qquad (5\text{-}8\text{-}2)$$

因工作电流 I_0 已标准化，所以知道了测量电阻 R_U，就得到了 E_x。实际上，可将测量电阻 R_U 直接按电压的单位进行刻度，即被测电压 E_x 的值可以直接从 R_U 上（通过读数盘）读出。

2. 用电位差计校准电表

校准电表的基本思想是用待校准电表去测量已经精确知道了的电学量，将待校准电表的示数与已知值进行比较，如果误差不超过该表的标称误差，则表示该表没有失去其标定的准确度，否则，该表就失去了标定的准确度，需要检修。校准电表的一般方法是选取一个比待校准电表高两个准确度等级的电表作为"标准电表"（即认为它的读数是精确值），用"标准电表"和待校准电表去测量同一个电学量，观察两表读数的差值大小是否超出待校准电表的标称误差。电位差计测量的准确度较高，性能稳定，适合充当"标准电表"。

（1）校准电压表。电压表和电位差计都是测量电压的仪器，两者并联去测量同一段电路上的电压即可进行校准。图 5-8-3 所示为箱式电位差计校准电压表原理线路图，其中 E 是直流电源，K 是电源开关，mV 为待校准的毫伏表，R 是滑线变阻器（作分压器使用）。适当调节滑线变阻器，使待校准电压表的示值为整刻度值，再用电位差计测量对应的电压值，将电位差计的测量值作为标准值。如此反复调节滑线变阻器，对待校准电压表的每一整刻度值 V_{xi} 进行校

准,读出电位差计的相应值 V_{Si},求出它们的差值 $\Delta V_{xi}=V_{Si}-V_{xi}$。以 V_{xi} 为横坐标,ΔV_{xi} 为纵坐标描点作图,相邻两个校正点之间用直线连接,画出电压表的校正曲线 $V_x-\Delta V_x$。ΔV_{xi} 中绝对值最大者 $|\Delta V|_m$ 与待校正电压表的量程 V_m 的比值,即为待校正电压表的标称误差,公式为

$$\alpha = \frac{|\Delta V|_m}{V_m} \times 100\% \tag{5-8-3}$$

根据式(5-8-3)计算的标称误差定出待校准电压表的准确度等级,判定待校准电压表是否"合格"。

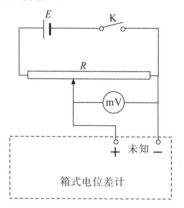

图 5-8-3　箱式电位差计校准电压表原理线路图

(2)校准电流表。用电位差计与标准电阻配合使用可以用来校准电流表。图5-8-4所示为箱式电位差计校准电流表原理线路图,其中 E 是直流电源,K 是电源开关,mA 为待校准的毫安表,R_1、R_2 是滑线变阻器,R_S 为标准电阻。电位差计可测量出标准电阻 R_S 上的

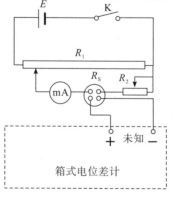

图 5-8-4　箱式电位差计校准电流表原理线路图

电压 V_S，从而得到流过 R_S 的电流值 $I_S = \dfrac{V_S}{R_S}$。适当调节滑线变阻器 R_1 和 R_2，使待校准电流表的示值为整刻度值，再用电位差计测量对应的电压值，计算出相应的电流值，将计算值作为标准值。如此反复调节滑线变阻器，对待校准电流表的每一整刻度值 I_{xi}，读出电位差计的对应值 V_{Si}，计算出相应的电流值 I_{Si}，再求出它们的差值 $\Delta I_{xi} = I_{Si} - I_{xi}$，以 I_{xi} 为横坐标，ΔI_{xi} 为纵坐标描点作图，相邻两个校准点之间用直线连接，画出电流表的校正曲线 $I_x - \Delta I_x$。ΔI_{xi} 中绝对值最大者 $|\Delta I|_m$ 与待校准电流表的量程 I_m 的比值，即为待校准电流表的标称误差，公式为

$$\alpha = \frac{|\Delta I|_m}{I_m} \times 100\% \qquad (5\text{-}8\text{-}4)$$

根据式(5-8-4)计算的标称误差定出待校准电流表的准确度等级，判定待校准电流表是否"合格"。

【实验内容】

1. 校准工作电流

(1)将测量选择开关 K_2 指示在"断"的位置，按钮全部松开。

(2)用导线将标准电池正负极接在电位差计对应的"标准"接线柱上。将检流计水平放置，把检流计的"锁定开关"拨向右边白点（实验结束后要把"锁定开关"拨向左边红点），转动"零点调节"旋钮，使指针对准"0"点，然后把检流计接线柱与电位差计上的"检流计"接线柱用导线连接起来。调节直流电源输出电压，使其处在 5.7～6.4 V，正负极接在电位差计对应的"电源5.7～6.4"接线柱上。

(3)测量出实验室温度 t，查出温度+20 ℃标准电池的电动势 E_{20} 值，然后按照公式 $E = E_{20} - [39.94(t-20) + 0.929(t-20)^2 - 0.0090(t-20)^3 + 0.00006(t-20)^4] \times 10^{-6}$ V 计算出室温 t 下标准电池的电动势 E_S，扭转温度补偿盘 R_T，使之指在 E_S 值上。

(4)扭转倍率开关 K_1，使 K_1 指示在"×10"的位置上。扭转测量选择开关 K_2，使其指示在"标准"位置。

(5)按下检流计"电计"按钮并旋转一下，将检流计按钮锁定（实

验结束后要松开),然后按一下电位差计的"粗"按钮,看检流计指针的摆动情况。调节工作电流调节盘 R_{P1} 后,再按一下"粗"按钮,看检流计指针的摆动情况,再调节 R_{P1}。重复操作,直到检流计指针的摆动在刻度尺范围内后,按下"粗"按钮,调节 R_{P1} 和 R_{P2}(先 R_{P1} 后 R_{P2}),直到检流计指针指零。松开"粗"按钮,按下"细"按钮,调节工作电流调节盘 R_{P2} 和 R_{P3}(先 R_{P2} 后 R_{P3}),直到检流计指针指零。此时,电位差计达到平衡,这样就完成了电位差计的工作电流 I_0 的校准工作。

2. 校准电压表(量程小于 171 mV)

(1)检查并调整好电压表的零点,按图 5-8-3 所示连接电路,并将滑线变阻器的滑动端移至电阻最小的(输出电压为零)位置。

(2)扭转测量选择开关 K_2,使其指示在"未知 1"或"未知 2"位置(以待测支路实际连接的端口为准)。

(3)打开电源,缓慢调节滑线变阻器,使待校准电压表指针指在第一个标有数字的整数刻度值上。

(4)先将测量盘Ⅰ、Ⅱ、Ⅲ调到待校准电压表的读数,然后按下"粗"按钮,调节测量盘Ⅰ和Ⅱ(先Ⅱ后Ⅰ),使检流计指针指零。松开"粗"按钮,再按下"细"按钮,精细调节测量盘(一般只要调节滑线式测量盘Ⅲ)至检流计指针指零,此时电位差计达到平衡。将测量盘Ⅰ、Ⅱ和Ⅲ的示值之和乘以倍率开关 K_1 所对应的倍率,得到的值就是电位差计测量的电压值。记录待校准电压表的读数和电位差计的测量值。

(5)在待校准电压表的全量程中,电压值按从小到大(上升)和从大到小(下降)的顺序对应校准电压表上每一个标有数字的刻度,重复步骤(4),记录待校准电压表的读数和对应的电位差计的测量值。

(6)画出被校准电压表的校准曲线,求出其准确度等级,确定被校准的电压表是否合格。

3. 校准毫安表

该部分选做,参考校正电压表的内容,步骤自拟。

【注意事项】

(1)电位差计在使用前,要将其所有旋钮和标度盘转动几次,使所有接触部分都能保持良好接触。

(2)接线路时要注意各电源及未知电压的"＋""－"极(检流计例外)。

(3)为防止电位差计的工作电流波动,每次测量前都应校准工作电流。

(4)使用"粗"按钮和"细"按钮时,应采用跃接法。

(5)调节滑线式测量盘Ⅲ时,在0～100之间有一小段没有刻度线,进入这一范围时测量电路已经断开,此时检流计指针指在0,切不可认为电路已达到平衡状态。

(6)标准电池是一种标准量具,决不允许短路或作为普通电源使用。严禁使用一般电表直接测量标准电池,使用时正负极不能接错。标准电池是内装化学溶液的玻璃容器,要小心平稳取放,避免倾斜和振动,更不允许倒置。

(7)实验结束之后,必须选择开关 K_2 指示在"断"位置,按钮全部松开。

【实验数据记录与处理】

1. 校准电压表

温度 $t=$＿＿＿＿＿＿;标准电源 $E_s=$＿＿＿＿＿＿。

表1　仪表参数记录

名称	标号	级别	量程
毫伏表			
电位差计			

表 2   测量结果记录

毫伏表值 V_x (mV)	电位差计值			$\Delta V=(V_x-V_S)$ (mV)
	电压上升	电压下降	电压标准值 $V_S=(V_{S1}+V_{S2})/2$ (mV)	
	V_{S1} (mV)	V_{S2} (mV)		

$$标称误差=\frac{|\Delta V|_{\max}}{量程}\times100\%=$$

2. 校准电流表

温度 $t=$_____;标准电源 $E_S=$_____。

标准电阻 $R_S=$_____。

表 1   仪表参数记录

名称	标号	级别	量程
毫安表			
电位差计			

表2 测量结果记录

毫安表值 I_x (mA)	电位差计值			$\Delta I = (I_x - I_S)$ (mA)
	电流上升	电流下降	电流标准值 $I_S = (V_{S1} + V_{S2})/2R_S$ (mA)	
	V_{S1}(mV)	V_{S2}(mV)		

标称误差 $= \dfrac{|\Delta I|_{max}}{量程} \times 100\% =$

【思考题】

(1)箱式电位差计的工作原理是什么?

(2)为什么要使工作电流标准化?

(3)测量时为什么要估算并预置测量盘的电位差值?

(4)如何使用 UJ31 型低电势直流电位差计校正大量程电压表(量程大于 171 mV)?

(5)校准曲线怎么画?

(6)使用箱式电位差计时,为什么要"先校准,后测量"?

(7)电位差计组件"粗""中""细"三个旋钮的作用是什么? 如何使用?

(8)电位差计左下角"粗""细"两个按钮的作用是什么? 如何使用?

(9)如果在校准(或测量)时,不管怎样调节工作电流调节盘(或测量盘),检流计指针总是偏向一侧,其原因可能有哪些?

(10)电位差计的工作电源不稳定,对测量是否有影响? 工作电源是采用稳压电源好,还是恒流电源好? 为什么?

【仪器介绍】

1. UJ31 型低电势直流电位差计

图 5-8-5   UJ31 型低电势直流箱式电位差计

图 5-8-5 所示为 UJ31 型低电势直流箱式电位差计,它是一种测量低电势差的重要仪器,对照图 5-8-1 和图 5-8-5,UJ31 型低电势直流电位差计面板按钮功能介绍如下。

(1)测量选择开关(K_2):对标准回路进行电流标准化测量时,将选择开关旋至"标准"挡位;测量时根据待测支路连接的端口位置,将测量选择开关旋至"未知 1"或"未知 2";测量结束时,旋至"断"位置。

(2)温度补偿盘(R_T):在对标准回路进行电流标准化之前,根据室温核算出当时的标准电池电动势,将温度补偿盘旋至对应位置,该盘已直接按电池电动势值标注。

(3)工作电流调节盘(R_{P1}、R_{P2}、R_{P3}):在对标准回路进行电流标准化时,旋转面板上"粗""中""细"(R_{P1}、R_{P2}、R_{P3})三个工作电流调节盘,使检流计指零,这时标准回路工作电流 $I_0 = 10.000$ mA。

(4)倍率开关(K_1):根据待测电压的估值来选择 K_1 的倍率值"×1"或"×10",对应的箱式电位差计的量程为 17.1 mV 或

171 mV,选择量程时要确保测量盘Ⅰ能用上。

(5)测量盘(Ⅰ、Ⅱ、Ⅲ):测量未知电压时,调节测量盘Ⅰ、Ⅱ、Ⅲ,使检流计读数为零。将测量盘Ⅰ、Ⅱ、Ⅲ的读数之和乘 K_1 的倍率值得到的就是未知电压值,未知电压＝测量盘读数×倍率。

(6)"粗""细""短路":"粗""细"对应检流计对电流的不同灵敏度。按下"粗"按钮,检流计回路被串联 10 kΩ 的保护电阻,可以承受较大电流。按下"细"按钮,检流计对小电流检测更加灵敏,但是由于没有串联大阻值的保护电阻,当被测电流较大时,容易损害检流计。按下"短路"按钮时,检流计指针能很快停住,在指针左右摆动、长久不停时可以用到它。在进行"校准"或"测量"的操作时,应先按"粗"按钮,在调节待检流计的指针几乎指零后,再按下"细"按钮继续调节,直至指零。

2. UJ31 型低电势直流电位差计技术参数

(1)准确度等级为 0.05 级。

(2)工作电源电压为直流 5.7～6.4 V。

(3)测量范围。

量限	测量范围	最小步进值
"×1"挡	0～17.1 mV	1 μV
"×10"挡	0～171 mV	10 μV

(4)允许基本误差。在保证标准电池实际工作温度为 20 ± 15 ℃,相对湿度≤80%,且没有腐蚀性气体和有害杂质的环境中,其允许基本误差应符合下表所列:

量限	计算式	说明
"×1"挡	$\|\Delta\|\leqslant5\times10^{-4}U_x+1\times10^{-6}$ V	$\|\Delta\|$:容许基本误差(V)
"×10"挡	$\|\Delta\|\leqslant5\times10^{-4}U_x+5\times10^{-6}$ V	U_x:测量盘示值(V)

(5)温度补偿范围为 1.0176～1.0198 V,其温度补偿盘的补进值为 100 μV,且各示值相对其参考值 1.0186 V 的相对误差 ≤±0.005%。

(6)未知测量回路的热(接触)电势<1 μV。

(7)在使用温度为 20 ± 15 ℃,相对湿度≤80%时,其线路对金属外壳之间的绝缘电阻≥100 MΩ。

(8)应能耐受频率为 50 Hz、实际正弦波交流电压为 500 V、历时 1 分钟的试验而不击穿。

3. BC9a 型饱和式标准电池

标准电池是直流电路中的电动势量具。标准电池的正极为汞，负极为镉汞齐，正极上覆盖有一层硫酸亚汞糊状物，电解液为硫酸镉水溶液。标准电池按内部结构分为 H 型封闭管式标准电池和单管式标准电池两种，按电解液浓度又可分为饱和式标准电池和不饱和式标准电池两类。饱和式标准电池的电动势较稳定，但随温度变化比较显著，需要作温度修正；不饱和式标准电池的电动势随温度变化很小，一般不必作温度修正。

本实验所用的标准电池为 BC9a 型饱和式标准电池，它是一种单管式可逆原电池。其使用时的温度范围为 10～30 ℃，+20 ℃时电动势实际值为1.01855～1.01868 V，温度为 t ℃时电池的电动势为

$$E_S = E_{20} - [39.94(t-20) + 0.929(t-20)^2$$
$$- 0.0090(t-20)^3 + 0.00006(t-20)^4] \times 10^{-6} \text{V}$$

使用标准电池应注意以下几点：

(1)正负极不能接反，严禁短路，通电时间不宜太长。

(2)标准电池绝不能作为电源使用。

(3)标准电池不允许倾斜，更不允许摇晃和倒置，要轻拿轻放，保持平稳。

(4)不允许用手同时触摸两个端钮，绝不允许用电压表或万用表去测量标准电池的电动势值。

(5)标准电池使用和存放的温度、湿度必须符合规定，严禁置于强光或高温下。

4. AC5/4 型直流检流计

AC5/4 型指针式直流检流计为便携型磁电式仪表，在本实验中用作示零器，其外形如图 5-8-6 所示。使用方法如下：①将检流计的接线柱接入电路中，若要考虑指针的偏转方向，就要按接线柱标注的"+""−"接线。②将"锁定开关"拨向白色圆点位置，此时，指针

可自由摆动,转动"零点调节"旋钮,将指针调到零点。③按下"电计"按钮,将检流计接入电路,若检流计指针偏转较大、偏转速度较快,应立即松开"电计"按钮,以防烧坏检流计。当指针偏转不超过标尺范围时,可把"电计"按钮按下,旋转锁定,然后调节电路,使检流计指针指零。④若使用过程中指针左右不停地摆动,只需按一下"短路"按钮,便可快速止动。⑤实验完成后必须将"锁定"开关拨向红色圆点位置,此时"电计"和"短路"按钮应松开。

图 5-8-6　AC5/4 型指针式直流检流计

AC5/4 型指针式直流检流计主要技术参数包括:内阻 <1200 Ω,外临界电阻 <14000 Ω,分度值 <4×10^{-7} A/div,阻尼时间 2.5 s。

第六章

光学实验

6.1　薄透镜焦距的测定

【实验目的】

(1)了解透镜的成像规则,学会分析光路,并选取合适的仪器进行实验。

(2)学习光学系统的同轴等高调节。

(3)掌握测量薄透镜焦距的几种方法。

【实验仪器】

光具座、光源、物屏、白屏(像屏)、平面镜、待测透镜等。

【实验原理】

对于薄透镜,有近轴光线的基本成像公式

$$\frac{1}{s} + \frac{1}{s'} = \frac{1}{f'} \tag{6-1-1}$$

式中,s 为物距,s' 为像距,f' 为薄透镜焦距。式(6-1-1)中,各物理量需考虑正负,物距、像距的正负号规定如下:若为实物与实像,数值取正号;若为虚物与虚像,数值取负号;凸透镜 f' 取正号,凹透镜 f' 取负号。

1.凸透镜焦距的测量原理

(1)自准直法(平面镜法)。如图 6-1-1 所示,在凸透镜右侧靠近透镜处放置一块与主光轴垂直的平面镜。光源 AB 位于凸透镜左侧焦平面上。光源上任一点发出的光线经过凸透镜折射后形成平行光,再经平面镜反射,反射光经凸透镜再次会聚在左侧焦平面上,成倒立的实像 A′B′。此时,光源 AB 或像 A′B′到薄透镜的距离等于凸透镜的焦距 f'_1。

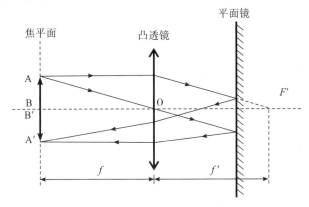

图 6-1-1　凸透镜自准直法测焦距

(2)实物成实像求焦距。如图 6-1-2 所示,实物光源 AB 发出的光经凸透镜折射后形成倒立实像 A′B′,根据式(6-1-1)即可算出凸透镜的焦距 f'_1。

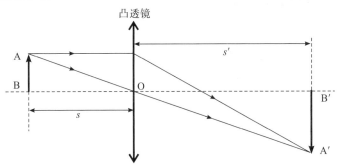

图 6-1-2　实物成实像法测凸透镜焦距

(3)共轭法(二次成像法)求焦距。如图 6-1-3 所示,光源与白屏之间的间距为 l,若 $l > 4f'_1$,保持 l 不变,在光源与白屏间移动凸透镜,在白屏上能观察到两次清晰的像。当凸透镜位于 O_1 处时,屏上得到一个倒立放大的实像 $A'_1B'_1$;当凸透镜位于 O_2 处时,屏上得到一个倒立缩小的实像 $A'_2B'_2$。根据透镜成像公式(6-1-1)得

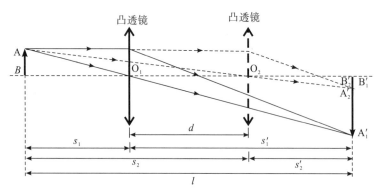

图 6-1-3 共轭法测凸透镜焦距

$$\begin{cases} \dfrac{1}{s_1} + \dfrac{1}{s'_1} = \dfrac{1}{f'_1} \\ \dfrac{1}{s_2} + \dfrac{1}{s'_2} = \dfrac{1}{f'_1} \end{cases} \tag{6-1-2}$$

又 $s'_1 = l - s_1$，$s_2 = s_1 + d$，$s'_2 = l - s_1 - d$，带入式(6-1-2)中，整理后得

$$f'_1 = \frac{l^2 - d^2}{4l} \tag{6-1-3}$$

将测得的 l 和 d 代入式(6-1-3)中，即可求得凸透镜焦距 f'_1。

2. 凹透镜焦距的测量原理

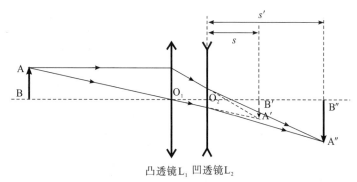

图 6-1-4 虚物成实像法测量凹透镜焦距

由于凹透镜成像为虚像，因此，无法用实物实像法来直接测量凹透镜的焦距。实验室中通常借助凸透镜所成的实像作为凹透镜的物(虚物)，从而在白屏上成实像的方法来测量凹透镜的焦距 f'_2，即虚物成实像法。如图 6-1-4 所示，先利用凸透镜 L_1 使实物 AB 成实像 $A'B'$，然后将凹透镜 L_2 置于 L_1 与像 $A'B'$ 之间，对于 L_2 而言，

$A'B'$为物(虚物),通过 L_1 的光束经 L_2 折射后,在右侧的白屏上成一倒立实像 $A''B''$。根据式(6-1-1)可得

$$\frac{1}{s}+\frac{1}{s'}=\frac{1}{f'_2} \tag{6-1-4}$$

式中,s 为虚物 $A'B'$ 到凹透镜的距离,s' 为所成实像 $A''B''$ 到凹透镜的距离,f'_2 为凹透镜的焦距,此时 s 和 f'_2 都取负数。实验中,若 $|s|<|f'_2|$,则可得到放大的实像。

【实验内容】

1. 光学系统的同轴等高调节

薄透镜成像公式要求所有透镜和光学器件的主光轴重合。实验中,物距、像距和透镜移动的距离都是根据光具座上的刻度来读数的,这就要求光学系统的主光轴要与光具座平行。因此,实验前需对光学系统进行同轴等高调节,使所有光学元件的光轴共线,并与物屏、白屏的中心等高,并保证光学系统的光轴与光具座平行。具体方法如下:

(1)粗调。首先调节光具座,使其水平。然后将物屏、透镜和白屏依次靠拢,调节高度,使物屏上的"箭头"开孔与透镜中心、白屏中心在同一高度,并使物屏、透镜平面和白屏相互平行,与光具座垂直。最后,目测物屏上"箭头"开孔的中心是否与透镜中心、白屏中心的连线以及光具座平行。

(2)细调。利用图 6-1-3 所示的共轭成像法进一步细调,使光学系统同轴等高。调整物屏与白屏间的距离,使其大于凸透镜焦距的4 倍。左右移动凸透镜时,观察白屏上两次成像的位置,如果物的中心与透镜的光轴共轴,则观测到的两次成像的中心应重合;如果两次成像的中心不重合,则根据偏离情况调节物屏(保持透镜高度不变),直到两次成像的中心重合。

对于由多个透镜组成的复杂光学系统,则应逐个加入透镜,使系统由简单到复杂逐步完成所有光学元件的同轴等高调节。

2. 凸透镜焦距的测量

(1)自准直法。按图 6-1-1 所示,使物屏与平面镜之间的距离大

于凸透镜的焦距。打开光源,从左侧照射物屏,物屏上有朝上的"箭头"形小孔,从物屏右侧可以看到竖直朝上的"箭头"形光源,此即为实验中的物。改变凸透镜的位置,直到在物屏的右面上观察到清晰、倒立的"箭头"形实像,物屏和凸透镜的间距就是凸透镜的焦距 f_1'。改变物屏的位置,重复上述操作 5 次以上,计算出 f_1' 的平均值和对应的平均绝对误差。

实验中,像的清晰度需要通过肉眼判断,存在较大误差,可采用"左右逼近法"读数,减小误差。分别将透镜由左向右平移和由右向左平移,记录刚获取清晰像时凸透镜对应的位置坐标,分别标记为"x_{2L}"和"x_{2R}",取平均值作为凸透镜的位置坐标。

(2)实物成实像法求焦距。按图 6-1-2 所示,依次将物屏、凸透镜、白屏放置在光具座上,物屏与白屏的间距大于凸透镜焦距的 4 倍。固定物屏和凸透镜的位置不动,调节白屏位置找到清晰的像。利用"左右逼近法"读出白屏的位置坐标,同时记录物屏和透镜的位置坐标。重复上述操作 5 次以上,由式(6-1-1)算出每次测得的凸透镜的焦距 f_1',并计算出 f_1' 的平均值和对应的平均绝对误差。

(3)共轭法求焦距。按图 6-1-3 所示,在光具座上依次摆放物屏、凸透镜和白屏,且物屏与白屏的距离 $l > 4f_1'$。固定物屏与白屏的位置不变,仅改变凸透镜的位置,同样采用"左右逼近法"寻找放大像和缩小像时凸透镜的位置坐标,记录物屏和像屏的位置。重复测量 5 次以上,根据式(6-1-3)计算出凸透镜焦距的最佳估计值和不确定度,并完整表示测量结果。

3. 凹透镜焦距的测量(虚物成实像法)

先将物屏、凸透镜和白屏依次放在光具座上,在白屏上调出缩小的倒立实像 A′B′,记下此时白屏在光具座上的位置坐标 x_1(虚物的位置坐标)。按图 6-1-4 所示,在凸透镜 L_1 和像 A′B′ 之间放上凹透镜 L_2,记录 L_2 的位置坐标 x_2。同样采用"左右逼近法"左右移动白屏,直到在白屏上看到清晰、倒立的实像 A″B″,并记录白屏的位置坐标 x_{3L} 和 x_{3R}。计算出物距 s 和像距 s',利用式(6-1-4)计算出凹透镜 L_2 的焦距 f_2'。改变物屏与凸透镜的间距,重复上述操作 5 次以上,算出凹透镜焦距 f_2' 的平均值。

【注意事项】

（1）在操作玻璃光学器具时注意轻拿、轻放，勿使设备振动或损坏。

（2）严禁用手触碰光学元件的光表面，以防在光表面留下痕迹，影响成像效果。

（3）当光学元件表面有污迹时，应使用专用擦镜纸轻轻擦拭。

【实验数据记录与处理】

1. 凸透镜焦距的测量

（1）自准直法。

测量次数	物屏位置 x_1 （cm）	凸透镜位置 x_2（cm）			凸透镜焦距 $f'_1 = |x_2 - x_1|$ （cm）
		x_{2L}	x_{2R}	平均值	
1					
2					
3					
4					
5					
6					

数据处理如下：

①计算每次操作获得的凸透镜焦距 f'_1，求出平均值 $\overline{f'_1}$。

②计算出凸透镜焦距的平均绝对误差 $\Delta \overline{f'_1}$。

（2）实物成像法。

测量次数	物屏位置 x_1（cm）	凸透镜位置 x_2（cm）			白屏位置 x_3 （cm）	凸透镜焦距 $f'_1 = \dfrac{s \cdot s'}{s + s'}$（cm）
		x_{2L}	x_{2R}	平均值		
1						
2						
3						
4						
5						
6						

数据处理如下：

①计算每次成像的物距 s 和像距 s'，并计算出凸透镜焦距 f'_1。

②求出平均值 $\overline{f'_1}$，并计算凸透镜焦距的平均绝对误差 $\Delta\overline{f'_1}$。

（3）共轭法。

测量次数	放大像凸透镜位置 x_1 (cm)		缩小像凸透镜位置 x_2 (cm)		放大像、缩小像凸透镜位置差 d(cm) $d=\|x_2-x_1\|$	物屏位置 x_0(cm)	白屏位置 x_1(cm)	物、像间距 l(cm) $l=\|x_1-x_0\|$	凸透镜焦距 f'_1 (cm) $f'_1=\dfrac{\overline{l}^2-\overline{d}^2}{4\overline{l}}$
	x_{1L}	x_{1R}	x_{2L}	x_{2R}					
1									
2									
3									
4									
5									
6									

数据处理如下：

①计算直接测量量的 A 类不确定度、B 类不确定度以及合成不确定度。

②计算 d 和 l 的平均值 $\overline{d}$、$\overline{l}$，算出凸透镜焦距的平均值 $\overline{f'_1}$。

③计算出凸透镜焦距的不确定度 $u(f'_1)$。

④凸透镜焦距：$f'_1=\overline{f'_1}\pm u(f'_1)=$

2. 凹透镜焦距的测量

测量次数	A′B′位置 x_1 (cm)		L₂ 位置 x_2(cm)	A″B″位置 x_3 (cm)		物距 s $s=\|x_2-x_1\|$ (cm)	像距 s' $s'=\|x_3-x_2\|$ (cm)	焦距 $f'_2=\dfrac{s\cdot s'}{s'-s}$ (cm)
	x_{1L}	x_{1R}		x_{3L}	x_{3R}			
1								
2								
3								
4								
5								
6								

数据处理如下：

（1）计算每次成像的物距 s 和像距 s'，并计算出凸透镜的焦

距 f'_2。

(2)求出平均值$\overline{f'_2}$,并计算凹透镜焦距的平均绝对误差 $\Delta\overline{f'_2}$。

【思考题】

(1)凸透镜焦距测量的几种方法中,哪种方法准确度最高? 为什么?

(2)光学系统共轴等高调节对测量结果有何影响? 为什么光学系统的主光轴要与光具座平行?

(3)凹透镜的虚物成实像法是否一定成放大的像?

6.2　用双棱镜干涉测光波波长

光的干涉现象是光具有波动性的重要佐证。法国物理学家菲涅耳通过双棱镜实验证实了光具有波动性。双棱镜干涉是一种典型的分波面干涉。双棱镜干涉实验在推动波动光学发展方面起到了极为重要的作用,同时也为测定单色光波长提供了一种简便方法。

【实验目的】

(1)学会用双棱镜产生双光束干涉,理解产生双光束干涉的条件。
(2)掌握用双棱镜测量钠光波长的方法。

【实验仪器】

双棱镜、狭缝(刻有狭缝的物屏)、钠灯、凸透镜、观察屏、光具座、测微目镜等。

【实验原理】

当两列光波在空间某处相遇时,如果满足相干条件,则在相遇空间的某些地方叠加后光强始终加强,而在另一些地方叠加后光强则始终削弱(甚至可能为零),通常把光叠加后这种稳定的强弱分布现象叫作光的干涉。相干光的获取有两种典型的方法:分波面法和分振幅法。

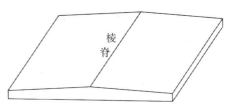

图 6-2-1 双棱镜

菲涅耳利用如图 6-2-1 所示的双棱镜通过分波面法获得相干光来进行光的干涉实验,从而再次验证了光的波动性。双棱镜是具有一个钝角的棱镜,也可以看作由两个底对底放置的锐角棱镜组合而成。图 6-2-2 所示为利用双棱镜产生干涉现象的光路图。光波由狭缝 S 发出,照射到双棱镜 AB 上,双棱镜将光波波前分割为两部分,相当于形成了满足相干条件的两列光波,这两列光波可以看作是由虚光源 S_1 和 S_2 发出的(与双缝干涉实验类似),并在观察屏上相遇叠加而形成干涉条纹。

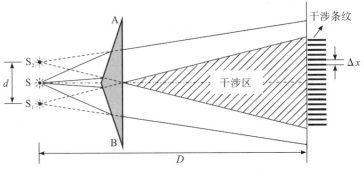

图 6-2-2 双棱镜的分波面干涉

设 d 为虚光源 S_1 和 S_2 的间距,D 为光源平面(狭缝 S、S_1、S_2 几乎共面)与观察屏间的距离,且二者满足 $d \ll D$,此时,在观察屏上可观察到明暗相间、等间距的干涉平行直条纹。用 Δx 表示观察屏上任意两条相邻的明(暗)条纹间的距离,根据干涉明(暗)纹条件可得钠光波长 λ。

$$\lambda = \frac{d}{D} \Delta x \qquad (6\text{-}2\text{-}1)$$

由式(6-2-1)可知,如果能测量 d、D 和 Δx,就可以计算出光波波长 λ。

虚光源 S_1 和 S_2 的间距 d 可以通过共轭成像法来测量。在双棱镜后方放置一焦距为 f' 的凸透镜 L,调节狭缝 S 与观察屏之间的距离,使其大于 $4f'$,并固定不变。来回移动凸透镜 L,在白屏上先后观察到狭缝的两次实像,一次成放大的像 S'_1 和 S'_2,一次成缩小的像 S''_1 和 S''_2。分别测量两次成像的像中心距离 d_1 和 d_2,如图 6-2-3 所示,则虚光源 S_1 和 S_2 的间距 d 为

$$d = \sqrt{d_1 \cdot d_2} \tag{6-2-2}$$

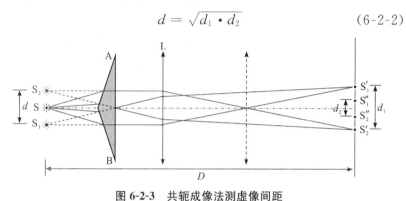

图 6-2-3　共轭成像法测虚像间距

【实验内容】

1. 光学系统等高共轴调节

(1)在光具座上依次摆放钠光灯、狭缝(刻有狭缝的物屏)、双棱镜、凸透镜、观察屏与测微目镜等光学元件,通过目测大致调节,使这些元件等高共轴。

(2)保持钠光灯位置不动,将刻有狭缝的物屏垂直于光具座并紧靠钠光灯。调整狭缝与钠光灯的中心高度一致,并使整条狭缝被钠光均匀照亮。

(3)先将凸透镜和测微目镜从光具座上移走,通过目测法大致调节双棱镜、观察屏中心与狭缝,使三者基本等高,再调整双棱镜的方位,让其棱脊与狭缝等高、平行,并垂直于光具座。设置观察屏与狭缝之间的距离(要保证两者的距离大于 4 倍凸透镜焦距)并保持不变,调节狭缝的宽度,同时前后微调双棱镜的位置,直到在观察屏上看到明暗相间的平行干涉直条纹。

2. 调出清晰的干涉条纹

将测微目镜放到光具座上观察屏的后面,并从侧面目测调节测微目镜的光轴,使其与观察屏上干涉条纹中心等高,再移走观察屏。经过前面的粗调后,从测微目镜中大致能看到明暗相间的干涉条纹。为使干涉条纹更加清晰,可微调双棱镜和测微目镜的位置,以得到宽度适中的干涉条纹。细微调节测微目镜高度,左右位移消除视差。干涉条纹的亮度可通过改变狭缝的宽度来实现,在不影响条纹清晰度的前提下,可适当增大狭缝的宽度,以增加条纹的亮度,这样更加便于观察测量。

3. 测量

(1)测干涉平行直条纹间距 Δx。将狭缝、双棱镜和测微目镜位置锁定,利用测微目镜测出 $n+1$ 条干涉平行直条纹间距 x,利用 $\Delta x = x/n$ 即可求出 Δx,测量 5 次以上,取平均值。测量中注意测微目镜鼓轮只能单向转动,以防止产生回程误差,实验中 n 取 10。

(2)测虚光源 S_1 和 S_2 所在的竖直平面到测微目镜的距离 D。虚光源 S_1 和 S_2 与狭缝 S 近似共面,在光具座上分别读出物屏位置 x_1 和测微目镜的位置 x_2,利用公式 $D=|x_2-x_1|$ 算出 D,测量 5 次以上,取平均值。(注:测微目镜有一定的修正值,该值由实验室给出)

(3)采用共轭法测虚光源 S_1 和 S_2 之间的距离 d。狭缝和双棱镜两者位置保持不变,在双棱镜与测微目镜之间放置一凸透镜 L(焦距为 f',已知),将凸透镜紧靠双棱镜,目测调节凸透镜中心,使其与双棱镜等高共轴。再在光具座上来回移动凸透镜,通过测微目镜能先后观察到虚光源 S_1 和 S_2 的两次实像,一次成放大的像,一次成缩小的像。细微调节凸透镜高度并水平位移凸透镜,直到两次成像清晰为止。分别测量两次成像的像中心距离 d_1 和 d_2,利用式(6-2-2)计算出两虚光源间的距离 d。重复测量 5 次以上,取平均值。

(4)根据前面算得的 Δx、D 和 d,利用式(6-2-1)即可求出钠光源的波长 λ。

【注意事项】

(1)为延长钠光灯的使用寿命,应尽量避免反复开启钠光灯。

（2）实验中光学器件较多，为防止污染，切勿用手接触光学器件表面。如光学器件表面有污染，可用镜头纸擦拭。

（3）使用测微目镜时，需细致、缓慢地旋转鼓轮，避免中途回转而产生回程误差。

（4）为避免有较大的系统误差，在测量狭缝至测微目镜的距离 D 时，必须引入相应的修正。

【实验数据记录与处理】

测量次数	x(mm)	x_1(mm)	x_2(mm)	d_1(mm)	d_2(mm)
1					
2					
3					
4					
5					
6					

数据处理如下：

$\overline{\Delta x}=$ $\qquad$ $\overline{D}=$ $\qquad$ $\overline{d}=$

$u(\overline{\Delta x})=$ $\qquad$ $u(\overline{D})=$ $\qquad$ $u(\overline{d})=$

钠光波长 $\overline{\lambda}=\dfrac{\overline{d}}{\overline{D}}\overline{\Delta x}=$ $\qquad$ $u(\overline{\lambda})=$

波长表达式 $\lambda=\overline{\lambda}\pm u(\overline{\lambda})=$

【思考题】

（1）如何利用双棱镜产生双光束干涉？

（2）光具座上的光学元件都调成等高共轴后，在测微目镜中仍然观察不到干涉条纹，请分析其中的原因可能有哪些。

6.3　用牛顿环测平凸透镜的曲率半径

【实验目的】

（1）理解等厚干涉原理及牛顿环的形成机制。

（2）掌握牛顿环测量平凸透镜曲率半径的方法。

（3）熟练掌握移测显微镜的使用方法。

【实验仪器】

牛顿环实验装置、移测显微镜、钠灯等。

【实验原理】

牛顿环实验装置由一块平凸透镜和一块平板玻璃上下叠放组成，如图 6-3-1 所示。牛顿环中平凸透镜的凸面与平板玻璃上表面之间所夹的空气薄膜中央薄、边缘厚，中心接触点的空气薄膜厚度为零。空气薄膜上所有厚度相同的点组成一系列以中心接触点为圆心的同心圆。

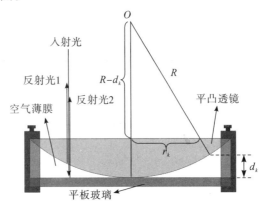

图 6-3-1　牛顿环装置结构示意图

两束满足相干条件的光相遇时，会发生干涉现象。用单色光垂直照射牛顿环实验装置，入射光分别在空气薄膜上表面和下表面发生反射，反射光 1 和反射光 2 在空气薄膜表面附近叠加形成干涉条纹。牛顿环干涉现象是典型的分振幅干涉。两束光的光程差 δ 由空气薄膜的厚度决定，所有空气薄膜厚度相同的地方两束反射光具有相同的光程差，干涉后对应同一条干涉条纹。因此，牛顿环的干涉条纹是以接触点为中心的一组明暗相间的同心圆环，称为牛顿环。

牛顿环干涉分为反射光干涉牛顿环和透射光干涉牛顿环，所形成的干涉图样的明纹和暗纹的位置正好互换，如图 6-3-2 所示。从反射方向观察，观测到一组中心为暗斑的明暗相间的同心干涉圆环;在透射方向观察,观测到中心为亮斑的明暗相间的同心干涉圆环。干涉图样中的明纹、暗纹分布符合薄膜等厚干涉规律。

反射光干涉牛顿环　　　　　　透射光干涉牛顿环

图 6-3-2　牛顿环干涉图样

在图 6-3-1 中,R 为透镜凸面的曲率半径,r_k 为第 k 级干涉条纹(圆环)的半径,d_k 为第 k 级干涉圆环所对应的空气薄膜厚度。以反射光干涉为例,第 k 级干涉圆环对应的两束光的光程差为

$$\delta_k = 2d_k + \frac{\lambda}{2} \qquad (6\text{-}3\text{-}1)$$

式中,λ 为入射光的波长,空气折射率取 $n=1$,$\lambda/2$ 是由半波损失引入的附加光程差。光线从空气薄膜入射到平面玻璃的上表面,属于从光疏介质入射到光密介质,反射光存在半波损失。光线从平凸透镜入射到空气薄膜时反射光没有半波损失。

由图 6-3-1 几何关系可得

$$(R-d_k)^2 + r_k^2 = R^2$$

即

$$R^2 - 2Rd_k + d_k^2 + r_k^2 = R^2$$

由于 $d_k \ll R$,d_k^2 可略去,则有

$$d_k = \frac{r_k^2}{2R} \qquad (6\text{-}3\text{-}2)$$

等厚干涉明纹、暗纹对应的光程差条件为

$$\delta_k = 2d_k + \lambda/2 = \begin{cases} k\lambda & (k=1,2,3\cdots)\ \text{明纹} \\ (2k+1)\lambda/2 & (k=0,1,2\cdots\cdots)\ \text{暗纹} \end{cases} \qquad (6\text{-}3\text{-}3)$$

将式(6-3-2)与式(6-3-3)联立,整理可得不同干涉级别明纹、暗纹的半径。

$$r_k = \begin{cases} \sqrt{(k-1/2)R\lambda} & (k=1,2,3\cdots) \quad \text{明环} \\ \sqrt{kR\lambda} & (k=0,1,2\cdots) \quad \text{暗环} \end{cases} \qquad (6\text{-}3\text{-}4)$$

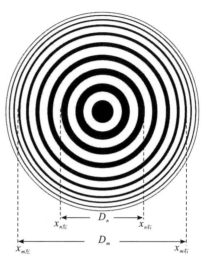

图 6-3-3　牛顿环干涉条纹半径测量示意图

要测量平凸透镜凸面的曲率半径 R,只需测出 k 级干涉条纹的明纹半径或暗纹半径和入射光波长,带入式(6-3-4)中即可算出平凸透镜的曲率半径 R。两玻璃之间的接触点由于压力产生形变,因此,理论上的中央接触点实际上扩展为接触面;此外,实际观察到的中央暗斑并不对应于 0 级暗纹,所以无法确定每条干涉条纹的干涉级别。测量平凸透镜曲率半径应回避确定干涉条纹的级别。若测量出从中心开始向外数第 n、m 条暗纹的半径 r_n、r_m,也可计算出平凸透镜凸面曲率半径 R,如图 6-3-3 所示。设第 n、m 条暗纹对应的干涉级别分别是 k_n、k_m,则 $k_m - k_n = m-n$,根据式(6-2-4)得

$$\begin{cases} r_n = \sqrt{k_n R\lambda} \\ r_m = \sqrt{k_m R\lambda} \end{cases}$$

整理可得

$$R = \frac{r_m^2 - r_n^2}{(m-n)\lambda} \qquad (6\text{-}3\text{-}5)$$

实验中,由于干涉条纹的圆心位置无法准确确定,故 r_n、r_m 的测量误差较大,可换测直径 D_n 和 D_m,式(6-3-5)可变化为

$$R = \frac{D_m^2 - D_n^2}{4(m-n)\lambda} \qquad (6\text{-}3\text{-}6)$$

【实验内容】

(1)调节牛顿环实验装置。用眼睛直接观察牛顿环中心暗斑的位置。轻轻地转动牛顿环实验装置外圈的三个调节螺丝,让牛顿环干涉条纹的中心暗斑固定在仪器的中心位置。注意螺丝不能拧得太紧,以防接触面产生过大形变而影响干涉条纹甚至引起玻璃破碎;螺丝也不能拧得太松,避免牛顿环在观测时晃动。

(2)先打开钠灯,预热约 10 分钟,把牛顿环实验装置置于移测显微镜物镜正下方的载物台上,并调整物镜下方平面反射镜的角度(约 45°),使视场充满均匀、明亮的黄光。

(3)调节显微镜目镜,使目镜中的十字叉丝清晰可见。转动调焦手轮进行调焦。先使镜筒缓慢下降,逐渐接近牛顿环实验装置,直到平面反射镜靠近平凸透镜的上表面;再反向旋转提升镜筒,使镜筒缓慢上升,直至视场中出现清晰的牛顿环干涉图样,晃动目光时,十字叉丝和牛顿环之间无相对移动。

(4)轻微移动牛顿环实验装置,使中央暗斑位于视场中心,并保证在旋转鼓轮时,观察到的牛顿环条纹移动方向与十字叉丝的横线平行。

(5)测量牛顿环的直径。为了减小误差,实验中需要测量多个干涉条纹的半径,其中 r_n 测 10 个圆环,即从中心向外从第 3 条暗纹开始,一直到第 12 条暗纹结束;r_m 测 10 个圆环,即从中心向外从第 13 条暗纹开始,一直到第 22 条暗纹结束。为避免回程误差,在测量过程中要保证鼓轮始终保持向一个方向旋转。转动鼓轮使十字叉丝从干涉条纹的中心暗斑开始向左移动,并数出经过的暗纹条数。当数到第 22 条暗纹时,继续向左多移动 3 条暗纹以上,然后再回头向右移动十字叉丝。当十字叉丝竖线与中心暗斑左侧第 22 条暗纹中央相切时,记下读数,继续向右移动叉丝,依次记下十字叉丝竖线与每条暗纹中央相切时的读数。经过牛顿环中央暗斑后继续向右移动十字叉丝,当十字叉丝竖线与中央暗斑右侧第 3 条暗纹中央相切时,记下读数,继续右移,依次读出十字叉丝竖线与每条暗纹中央相切时的读数,直到第22条暗纹为止。整个测量过程两名同学要密切配合,干涉条纹的条数切勿数错。

【注意事项】

(1)实验中禁止直接用手触摸牛顿环镜片及移测显微镜的目镜和物镜。

(2)在测量过程中,移测显微镜鼓轮只能朝同一方向转动,禁止中途回转。

(3)调节牛顿环实验装置时,三根调节螺丝不能拧得太紧,也不能拧得太松。调节时,三根螺丝中的一根固定不动,同时调节另外两个螺丝,使中央暗斑位于牛顿环装置的中心附近。如果中心暗斑过大,说明牛顿环实验装置的螺丝拧得太紧。

【实验数据记录与处理】

环数	读数 x(mm)		直径 D_m	环数	读数 x(mm)		直径 D_n	$\Delta D = D_m^2 - D_n^2$
m	x_L	x_R	(mm)	n	x_L	x_R	(mm)	
22				12				
21				11				
20				10				
19				9				
18				8				
17				7				
16				6				
15				5				
14				4				
13				3				

数据处理如下:

用逐差法处理数据。在20个直径数据中,按 $m-n=10$ 配成10对,分别求出这10对直径的平方差($D_m^2-D_n^2$),以其平均值代入式

(6-3-6)中,算出平凸透镜的曲率半径的最佳估计值 $\overline{R}$,再算出曲率半径的合成不确定度 $u(R)$。

$$\overline{R}=\frac{\overline{D_m^2-D_n^2}}{4(m-n)\lambda}=$$

$$u(R)=$$

曲率半径表达式 $R=\overline{R}\pm u(R)=$

【思考题】

(1)牛顿环干涉条纹是否等间距? 为什么?

(2)如果被测透镜是平凹透镜,能否应用本实验方法测定其凹面的曲率半径? 试推导相应的计算公式。

(3)实验中观察到的牛顿环为什么是同心圆环而不是平行条纹?

(4)实验中为何测的是牛顿环的直径而不是半径? 如果观察到的牛顿环局部不圆,说明什么?

(5)实验中如何保证测量的是牛顿环的直径? 如果测得的不是直径而是弦长,对实验结果有何影响?

(6)该实验有哪些系统误差? 怎样减小系统误差?

6.4 分光计的调节及棱镜角的测量

分光计是一种精密的角度测量仪器,又称光学测角仪。分光计是几何光学实验中重要的实验仪器,主要用于光束的偏向角、棱镜角等角度相关量的精确测量,其在光谱测量实验中也有重要作用,借助相关分光元件可以测量折射率、偏振角和光波波长。许多现代光谱分析仪器也是在分光计的工作原理基础之上开发出来的,因此,熟练掌握分光计的使用方法对于后续光学实验的顺利开展具有重要意义。

【实验目的】

(1)了解分光计的结构,并掌握正确调节和使用分光计的方法。

(2)掌握利用分光计测定棱镜角的方法。

【实验仪器】

分光计、双面镜、汞灯、三棱镜等。

【实验原理】

1. 分光计的结构与工作原理

分光计主要由底座、载物台、刻度圆盘、准直管和望远镜五部分组成。各部分都有专门的调节螺丝,不同部分之间可以通过专门的螺丝来实现联动和分离。

(1)分光计的底座较重,为整个观察测量系统提供了平稳而坚实的基础。底座中心固定有竖直的中心轴,载物台、刻度圆盘、望远镜等部件都是围绕中心轴转动的。

(2)刻度圆盘分为内盘和外盘,由同心共面的两个圆盘组成。内盘又称游标盘,为一大圆盘,其上对称刻有两组游标(位于同一直径的两端);外盘为一圆环,边缘一周刻有角度分度格,最小分度值为 $30'$。刻度盘的读数方法与游标卡尺类似,最小分度值为 $1'$。

(3)载物台位于刻度圆盘的上方,随刻度盘的内盘同步转动,高度可调,载物台下方有三个呈"品"字形分布的调平螺丝。

(4)准直管又称平行光管,主要用来产生平行光,其固定在分光计底座上,不可转动。准直管靠近光源的一侧有狭缝,狭缝的宽度和角度可调。

(5)分光计的望远镜大多采用阿贝式自准直望远镜,望远镜用来观察准直管出射的平行光经载物台上光学元件反射、折射或衍射后的出射光。望远镜可绕中心轴转动,通过离合装置可与刻度盘的外盘同步转动。

2. 分光计的调节

(1)分光计调节目标。①准直管产生平行光,望远镜聚焦无限远,准直管和望远镜的主光轴共轴且与分光计的中心轴垂直。②望远镜的转动平面(观察平面)、待测光路平面和读值平面要达到三面平行,同时,垂直于分光计中心轴。读值平面由刻度盘的内盘、外盘转动时形成,每一台分光计的读值平面都与中心转轴垂直且固定不可调。

如果读值平面不与中心转轴垂直,则需返厂进行专门维修。观察平面和待测平面需要手动调节,通过调节望远镜俯仰角和载物台平面来实现三面平行,三面平行调节是分光计调节的重点和难点。

(2)分光计调节方法。

①粗调。目测调节使准直管、望远镜的光轴共线等高,并且与分光计的中心轴垂直。目测调节载物台平面与分光计中心轴垂直。用望远镜观察远处物体,前后移动目镜镜筒并旋转目镜手轮,直到目镜中的叉丝分划板和远处物体同时清晰可见。认真进行粗调是后续细调顺利进行的关键。

②细调。

a.望远镜自准调焦。开启目镜中"小十字叉丝"的照明灯。微调目镜手轮,直到视场下方的绿色小十字叉丝和叉丝分划板同时清晰可见为止,如图 6-4-1(a)所示。将平面镜按图 6-4-2(a)所示放置到载物台上,转动载物台,使平面镜的反射面与望远镜光轴垂直。这时从望远镜中可以看到绿色十字叉丝经平面镜反射后的像(如认真完成粗调,均容易找到),如图 6-4-1(a)所示。如找不到反射像,可以

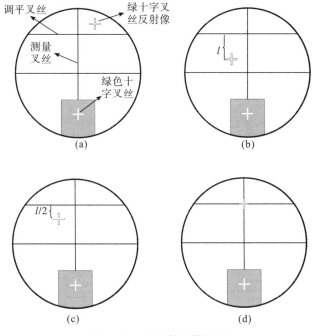

图 6-4-1 望远镜目镜视场

调节载物台下方的螺丝 G1 或 G3（载物台调平过程中 G2 始终固定不动）。如果观察到的绿色十字叉丝反射像模糊，可前后微调目镜镜筒和目镜手轮，直到反射像清晰明亮和视场无视差为止。

b.逐次逼近法调节载物台和望远镜。由于望远镜的光轴和载物台平面与分光计的中心轴可能并不垂直，导致平面镜反射的绿色十字叉丝像与调平叉丝不重合，如图 6-4-1(a)所示。转动载物台，观察平面镜 A 面反射的绿色十字叉丝像与调平叉丝的相对位置，微调载物台下方的螺丝 G1 和 G3(G2 固定不动)，使反射像逐步向调平叉丝靠拢。在调节 G1 或 G3 时，不要将反射像一次调到调平叉丝位置，而是将偏离距离减小一半，如图 6-4-1(b)和(c)所示。然后再转动载物台，观察平面镜 B 面反射的绿色十字叉丝像的位置。再通过调节 G1 或 G3 使反射像的偏离距离减小一半。再转动载物台，观察平面镜 A 面反射的绿色十字叉丝像与调平叉丝的相对位置。重复进行以上调整，直到平面镜的 A、B 两个反射面反射的绿色十字叉丝像都与调平叉丝重合，如图 6-4-1(d)所示。此时，望远镜光轴、载物台平面都与分光计中心轴垂直，达到"三面平行"的要求。实验中也可以用三棱镜代替平面镜来进行载物台和望远镜的调节，如图 6-4-2(b)所示，调节方法与平面镜相同。

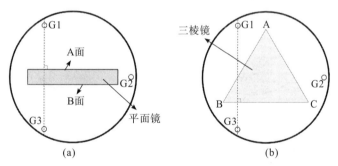

图 6-4-2　载物台上平面镜和三棱镜放置位置示意图

c.准直管调节。将准直管狭缝对准光源（汞灯），从望远镜中观察狭缝的像。调节狭缝宽度并前后移动狭缝，直到看到狭缝呈清晰、尖锐的像。

3. 棱脊分束法测三棱镜顶角

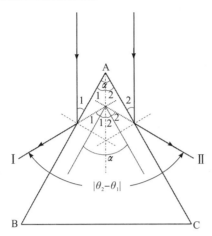

图 6-4-3　棱脊分束法测三棱镜顶角

如图 6-4-3 所示,三棱镜中 AB 和 AC 为折射面,准直管出射平行光在两个折射面反射后,形成Ⅰ和Ⅱ两束反射光。根据图 6-4-3 可知,出射光Ⅰ和Ⅱ之间的夹角与棱镜顶角 α 存在如下关系

$$\alpha = \frac{1}{2} \mid \theta_2 - \theta_1 \mid \qquad (6\text{-}4\text{-}1)$$

【实验内容】

(1)分光计的调节。按照实验原理部分介绍的方法调节准直管、望远镜和载物台,达到三面同时垂直于分光计中心轴的要求。

(2)棱镜角的测量。把棱镜放置于载物台上,棱镜角对准准直管。固定载物台和刻度盘内盘,并将望远镜与刻度盘外盘之间的锁定螺丝锁紧,使两者同步转动。转动望远镜到Ⅰ位置,观测出射光,将望远镜中观察到的竖直狭缝像与分划板中的竖直测量叉丝重合,记下此时刻度盘上左右两个游标对应的角度 θ_{1L} 和 θ_{1R}。再将望远镜转到Ⅱ位置,记下狭缝像与分划板中竖直测量叉丝重合时的角度 θ_{2L} 和 θ_{2R}。棱镜顶角 $\alpha = (\mid \theta_{2L} - \theta_{1L} \mid + \mid \theta_{2R} - \theta_{1R} \mid)/4$,重复测量 5 次以上,取平均值。

【注意事项】

(1)严禁用手触碰各种镜头以及三棱镜、平面镜的镜面等,发现有尘埃时,应使用实验室专用镜头纸轻轻揩擦。轻拿轻放,爱护仪器,小心跌落,以免损坏。

（2）操作分光计时,应事先检查各部件间的锁止螺丝,该锁紧的要锁紧,该松开的要松开。

（3）分光计调整完成后,各调节用的螺丝不可触动,避免破坏已调整的状态,否则需要重新调整。

【实验数据记录与处理】

将棱镜角的测量结果记录在下表中。

测量次数	θ_{1L}	θ_{1R}	θ_{2L}	θ_{2R}	$\alpha=(|\theta_{2L}-\theta_{1L}|+|\theta_{2R}-\theta_{1R}|)/4$
1					
2					
3					
4					
5					
6					

数据处理如下：

（1）计算每次测得的棱镜角 α,并算出平均值。

（2）计算各直接测量量的 A 类不确定度、B 类不确定度以及合成不确定度。

（3）计算棱镜角的不确定度 $u(\alpha)$,写出棱镜角表达式：$\alpha=\bar{\alpha}\pm u(\alpha)$。

【思考题】

（1）分光计调节的目标是什么？

（2）分光计由哪几部分组成？各部分的用途是什么？

（3）如果用三棱镜替换平面镜,如何调节才能使观察平面、待测光路平面与中心轴垂直？

6.5 用透射光栅测定光波波长

【实验目的】

(1)理解光栅衍射的基本原理与特点。

(2)进一步熟悉分光计调节与测量方法。

(3)认识光栅光谱的分布规律,正确判别衍射光谱的级次。

(4)学习利用衍射光谱测定光栅常量、光波波长的方法。

【实验仪器】

分光计、透射光栅、汞灯等。

【实验原理】

光栅是根据光的衍射和干涉原理制作的一种光学分光元件。根据夫琅禾费衍射理论,光通过光栅的狭缝会发生衍射现象,同时来自不同狭缝的同一衍射角的衍射光会发生干涉现象,所以光栅衍射条纹是多缝干涉与单峰衍射共同作用的结果。波长为 λ 的单色平行光垂直入射平面光栅,干涉条纹满足光栅方程

$$d\sin\varphi_k = \pm k\lambda(k = 0,1,2,3,\cdots) \qquad (6\text{-}5\text{-}1)$$

式中,λ 为入射光波长,k 为衍射明纹的级次,φ_k 为 k 级亮纹的衍射角,d 为光栅常数。

入射光是复色光时(如汞光源),根据式(6-5-1),不同波长光的 $k=0$ 级衍射明纹对应的衍射角相同,$\varphi_0 = 0$,所以复色光的零级明纹仍为复色光,称为中央明纹。对于 $k \neq 0$ 的衍射明纹,不同波长光的衍射角不同,且同一级衍射条纹中波长大的光衍射角大,故而在中央明纹两侧按波长从小到大的顺序分布着各级衍射条纹,称为光栅光谱,如图 6-5-1 所示。

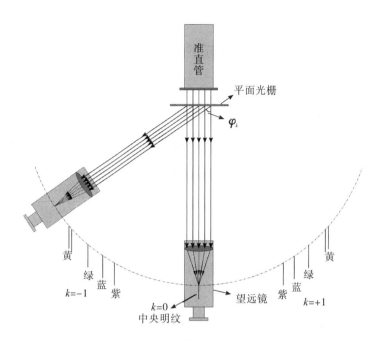

图 6-5-1　汞灯的光栅光谱示意图

1. 测量光栅常数 d

本实验中使用的是平面透射光栅,它由大量等宽、等间距、平行排列的狭缝构成,相邻狭缝的间距为 d,称为光栅常数。根据光栅方程,若已知入射光波长,测出对应 k 级衍射明纹的衍射角 φ_k,则光栅常数 d 为

$$d = \frac{k\lambda}{\sin\varphi_k} \tag{6-5-2}$$

实验中,以汞灯光谱中波长为 546.1 nm 的绿线为观测对象,运用式(6-4-2)计算光栅常数 d。

2. 测量波长

实验中可观测到汞光谱的一级衍射条纹中多条不同颜色的谱线,利用分光计测出一级衍射条纹中不同颜色谱线对应的衍射角,结合已算得的光栅常数 d,利用光栅方程可计算出各种颜色谱线对应的波长

$$\lambda = d\sin\varphi \tag{6-5-3}$$

3. 光栅的角色散

角色散是色散元件的重要参数,它表示单位波长间隔内两单色

谱线之间的角距离。角色散的定义为

$$D = \frac{\Delta\varphi}{\Delta\lambda} \qquad\qquad (6\text{-}5\text{-}4)$$

根据光栅方程可得光栅的角色散

$$D = \frac{d\varphi}{d\lambda} = \frac{k}{d\cos\varphi} \qquad\qquad (6\text{-}5\text{-}5)$$

由上式可知,光栅的角色散与光栅常数 d 成反比,与衍射级次 k 成正比,即光栅上的条纹刻得越密集,其色散本领越高;衍射级次越高,谱线分开的程度越高。

【实验内容】

(1)分光计、光栅的调整。按第 6.4 节"分光计的调节及棱镜角的测量"中介绍的方法调整分光计,使其正常工作。将平面光栅放置于分光计载物台,并使其表面与准直管光轴垂直。

(2)观测光栅衍射谱线。将汞灯窗口与准直管狭缝对齐,转动望远镜至准直管光轴上,左右微调望远镜,从望远镜中观察零级衍射条纹(中央明纹),调节准直管狭缝和望远镜目镜,使条纹清晰明亮。然后分别向左、向右转动望远镜,依次观察 $k=\pm1$ 的条纹。谱线的衍射角是通过取正一级与负一级明纹间夹角的一半来获得的,即将望远镜的竖直测量叉丝与谱线的负一级明纹重合,读出此时刻度盘上左、右游标对应的数值 θ_{-1L} 和 θ_{-1R}。再转动望远镜,使竖直测量叉丝与正一级条纹重合,读出刻盘读数 θ_{+1L} 和 θ_{+1R},则一级衍射条纹的衍射角 $\varphi_1 = (|\theta_{+1L} - \theta_{-1L}| + |\theta_{+1R} - \theta_{-1R}|)/4$。

(3)测定光栅常数。本实验用汞光谱中波长为 546.1 nm 的绿色谱线来计算光栅常数 d。分别测出 $k=\pm1$ 的绿光衍射角,取其平均值,带入式(6-5-2)中,即可算出光栅常数 d。重复测量 5 次以上,计算 d 的平均值。

(4)测定不同颜色谱线的波长。由步骤(2)中测得的 $k=\pm1$ 的不同颜色谱线的衍射角,根据式(6-5-3)算出各谱线的波长。

(5)测定角色散。根据算出的双黄线波长 $\lambda_{黄内}$、$\lambda_{黄外}$ 以及衍射角之差 $\Delta\varphi$,通过式(6-5-4)计算出光栅的角色散。

【注意事项】

(1)禁止用手直接触摸光栅表面,平面光栅为玻璃材质,注意轻拿轻放。

(2)实验中谱线的亮度可能较低,为观察方便,可关闭日光灯,拉上窗帘。

(3)观察谱线和读数时,不可用手抓握望远镜。

【实验数据记录与处理】

1. 测量光栅常量

测量次数	汞绿线角坐标				衍射角 $\varphi_1 = \dfrac{\lvert\theta_{+1L}-\theta_{-1L}\rvert+\lvert\theta_{+1R}-\theta_{-1R}\rvert}{4}$	衍射角平均值 $\overline{\varphi_1}$
	$k=-1$		$k=+1$			
	θ_{-1L}	θ_{-1R}	θ_{+1L}	θ_{+1R}		
1						
2						
3						
4						
5						
6						

数据处理如下:

$$\overline{d}=\frac{\lambda_绿}{\sin\varphi_1}= \qquad u(\overline{d})= \qquad d=\overline{d}\pm u(\overline{d})=$$

2. 测量光波波长

谱线颜色	测量次数	不同颜色谱线角坐标				衍射角 $\varphi_1 = \dfrac{\lvert\theta_{+1L}-\theta_{-1L}\rvert+\lvert\theta_{+1R}-\theta_{-1R}\rvert}{4}$	波长 λ(nm)
		$k=-1$		$k=+1$			
		θ_{-1L}	θ_{-1R}	θ_{+1L}	θ_{+1R}		
紫	1						
	2						
	3						
	4						
	5						
	6						

续表

谱线颜色	测量次数	不同颜色谱线角坐标				衍射角 $\varphi_1 = \dfrac{\lvert\theta_{+1L}-\theta_{-1L}\rvert + \lvert\theta_{+1R}-\theta_{-1R}\rvert}{4}$	波长 $\lambda(\mathrm{nm})$
		$k=-1$		$k=+1$			
		θ_{-1L}	θ_{-1R}	θ_{+1L}	θ_{+1R}		
蓝	1						
	2						
	3						
	4						
	5						
	6						
黄内	1						
	2						
	3						
	4						
	5						
	6						
黄外	1						
	2						
	3						
	4						
	5						
	6						

数据处理如下：

紫光：$\overline{\varphi}_{1紫}=$　　　　　　　$\overline{\lambda}_{紫}=d\sin\overline{\varphi}_{1紫}=$

　　　　$u(\overline{\lambda}_{紫})=$　　　　　　$\lambda_{紫}=\overline{\lambda}_{紫}\pm u(\overline{\lambda}_{紫})=$

蓝光：$\overline{\varphi}_{1蓝}=$　　　　　　　$\overline{\lambda}_{蓝}=d\sin\overline{\varphi}_{1蓝}=$

　　　　$u(\overline{\lambda}_{蓝})=$　　　　　　$\lambda_{蓝}=\overline{\lambda}_{蓝}\pm u(\overline{\lambda}_{蓝})=$

黄光(内)：$\overline{\varphi}_{1黄内}=$　　　　　$\overline{\lambda}_{黄内}=d\sin\overline{\varphi}_{1黄内}=$

　　　　　$u(\overline{\lambda}_{黄内})=$　　　　$\lambda_{黄内}=\overline{\lambda}_{黄内}\pm u(\overline{\lambda}_{黄内})=$

黄光(外)：$\overline{\varphi}_{1黄外}=$　　　　　$\overline{\lambda}_{黄外}=d\sin\overline{\varphi}_{1黄外}=$

　　　　　$u(\overline{\lambda}_{黄外})=$　　　　$\lambda_{黄外}=\overline{\lambda}_{黄外}\pm u(\overline{\lambda}_{黄外})=$

3. 测定光栅的角色散

数据处理如下：

$$\Delta\varphi=\left|\ \overline{\varphi}_{1黄外}-\overline{\varphi}_{1黄内}\ \right|=$$

$$\Delta\lambda=\overline{\lambda}_{黄外}-\overline{\lambda}_{黄内}= \qquad\qquad D=\frac{\Delta\varphi}{\Delta\lambda}=$$

【思考题】

(1) 实验中如何判断光栅平面与分光计的中心轴是否平行?

(2) 光栅分光与棱镜分光之间有何区别?

第七章

近代物理实验

7.1　夫兰克-赫兹实验

1913 年,丹麦物理学家玻尔在光谱学研究成果、卢瑟福的原子模型和普朗克-爱因斯坦的光量子理论的基础上,提出了氢原子模型,指出原子存在不连续分布的能级。该模型对氢光谱的预言在实际观察中取得了显著的成果。根据玻尔的原子理论,原子光谱中的每根谱线都是由原子从某一个较高能态向另一个较低能态跃迁时产生的电磁辐射形成的。

1914 年,德国物理学家夫兰克和赫兹改进了勒纳测量电离电位的实验装置。他们同样采用慢电子(几到几十个电子伏特)与单元素气体原子的碰撞方法,与勒纳实验不同的是,他们重点观察碰撞后电子的变化,勒纳则是观察碰撞后离子流的情况。通过实验测量,他们得出结论:电子与原子碰撞过程中会发生一定值的能量交换现象,从而使原子从低能级激发到高能级。这一结果直接证明了原子跃迁时吸收和释放的能量是分立的、不连续的,也证明了原子能级的存在,也验证了玻尔理论的正确性,他们也因此于 1925 年获得诺贝尔物理学奖。

【实验目的】

(1)通过实验测定汞原子的电离电位。

(2)通过测定汞原子等元素的第一激发电位,证明原子能级的存在。

【实验仪器】

FH-1A 型夫兰克-赫兹实验仪、慢扫描示波器、LZ3-103 型 X-Y 函数记录仪、MF-47 型万用电表、温度计(最大测量值为 250 ℃)等。

【实验原理】

本实验与夫兰克-赫兹原始实验类似,通过测定汞或氖、氩等元素的第一激发电位(中肯电位)和电离电位,来证明原子能级是量子化的。

1. 第一激发电位

玻尔提出的原子理论指出:①原子只能较长地停留在一些稳定状态(简称定态)。原子在这些状态时,不发射或吸收能量,各定态都有一定的能量,其数值是彼此分隔的。无论原子的能量通过什么方式发生改变,它只能从一个定态跃迁到另一个定态。②原子从一个定态跃迁到另一个定态而发射或吸收辐射时,辐射频率也是一定的。用 E_m 和 E_n 代表两个不同定态的能量,则辐射的频率 υ 确定为以下关系

$$h\upsilon = E_m - E_n \tag{7-1-1}$$

式中,普朗克常数 $h = 6.63 \times 10^{-34}$ J·s。

本实验以汞原子为研究对象,让电子在加速电场中获得一定能量后,进入稀薄汞蒸气中与汞原子发生碰撞来实现能量交换,促使汞原子从低能级向高能级跃迁。

初速度为零的电子经过电位差为 U 的加速电场获得能量 eU。加速后的电子与稀薄汞蒸气中汞原子发生碰撞时,就会发生能量交换。以 E_1 和 E_2 分别表示汞原子的基态能量和第一激发态能量。如果电子传递给汞原子的能量恰好为

$$eU_0 = E_2 - E_1 \tag{7-1-2}$$

那么,汞原子将会从基态跃迁到第一激发态,而对应的电位差 U_0 称为汞的第一激发电位。测定出汞的第一激发电位 U_0,便可以根据式 (7-1-2)算出汞原子的基态和第一激发态之间的能量差了。夫兰克-赫兹实验的原理如图 7-1-1 所示。

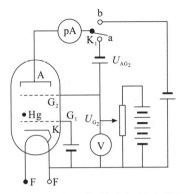

图 7-1-1 夫兰克-赫兹实验原理图

测量汞原子的第一激发电位时,要将图 7-1-1 中的开关 K_1 拨向 a。在充汞的夫兰克-赫兹管中,热阴极 K 释放出电子,在阴极 K 与板极 A 之间有两个栅极 G_1 和 G_2。阴极 K 与 G_1 间的加速电场可以减小电子间的散射,控制进入加速电场的电子数目。G_1 与 G_2 间的加速电场为电子提供足够的能量,且 G_1 与 G_2 间的空间足够大,增加了电子与汞原子的碰撞概率。电子从阴极发射出来之后,在 G_1、G_2 和 K 之间的空间被加速电场加速,获得动能为

$$\frac{1}{2}mv^2 = eU_{G_2K} \tag{7-1-3}$$

在板极 A 和栅极 G_2 之间加有反向拒斥电压 U_{AG_2},当电子通过 KG 空间进入 G_2A 空间时,受到反向电场力的作用,只有当电子的动能足够大时($\geqslant eU_{AG_2}$),才能穿过逆反电场到达板极 A,形成板流 I_A。如果电子在 KG 空间中与汞原子发生碰撞,并将自己的一部分能量传递给汞原子以激发后者,那么电子本身的剩余能量很小,不足以克服逆反电场的排斥作用,从而无法到达板极 A,这导致板极电流 I_A 显著减少。

实验过程中,不断增加 U_{G_2K} 的大小并记录板极电流 I_A。如果原子能级分布是分立的、不连续的,基态与第一激发态之间存在确定的能量差,那么会得到图 7-1-2 所示的 I_A—U_{G_2K} 曲线。

图 7-1-2 揭示了电子与汞原子间的能量交换规律。栅极电压 U_{G_2K} 较小时,电子从阴极 K 通过栅极 G_1 进入加速电场,但是由于栅极电压 U_{G_2K} 相对较小,电子获得的动能也较小。电子与汞原子碰撞

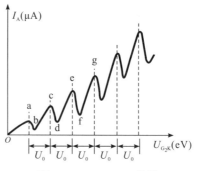

图 7-1-2　$I_A - U_{G_2K}$ 曲线

时,无法提供足够的能量来使汞原子从基态跃迁到第一激发态,故此时电子与汞原子碰撞类似于弹性碰撞,且电子质量远小于汞原子,故而碰撞前后电子的动能几乎没有损失。由于电子保留了从加速电场获得的能量,故通过 G_2 后有足够的能量克服逆反电场,到达板极 A,且随着 U_{G_2K} 增大,单位时间到达板极 A 的电子数增加,检流计检测到的 I_A 从零开始随 U_{G_2K} 同步增大。当栅极电压 U_{G_2K} 增到一定值(图 7-1-2 中 a 位置),电子从加速电场获得的最大动能($eU_{G_2K} = E_2 - E_1 = eU_0$),达到汞原子的基态与第一激发态间的能量差时,电子与汞原子碰撞时会将全部动能转移给汞原子,激起汞原子跃迁。电子失去全部动能后无法通过逆反电场到达板极 A,这导致板极电流 I_A 迅速降低(图 7-1-2 中的 a—b 段)。随着 U_{G_2K} 继续增大,电子获得的动能大于汞原子跃迁所需的能量,则碰撞后电子仍保留一部分动能,依然可以通过逆反电场到达板极 A,此时板极电流 I_A 随 U_{G_2K} 的增大而增大(图 7-1-2 中 b—c 段)。当栅极电压增大到等于汞原子第一激发电位的 2 倍时($U_{G_2K} = 2U_0$),电子的最大动能可以满足让两个汞原子激发所需的能量。在两次碰撞后,电子又失去全部动能,无法通过逆反电场,故 I_A 又出现迅速降低的情况(图 7-1-2 中 c—d 段)。而随着 U_{G_2K} 进一步增大,电子获得动能大于 $2(E_2 - E_1)$,碰撞后电子又可以通过逆反电场到达板极 A,I_A 又增大(图 7-1-2 中 d—e 段),如此反复。当栅极电压满足 $U_{G_2K} = nU_0 (n = 1, 2, 3, \cdots)$ 时,I_A 都会迅速减小,且随着 U_{G_2K} 的增大又会迅速增大,呈现如图 7-1-2 所示的波浪上升的规律。从图 7-1-2 中可以看出,相邻两个波峰对应的栅极电压之差应该等于汞原子的第一激发电位($U_{n+1} - U_n = U_0$)。

实验中,夫兰克-赫兹管中除了汞原子外,还可以充入钠、钾、镁等金属元素,也可以充入氩、氖等气体元素。通过本实验可以测出这些元素的第一激发电位,如钠 2.21 eV、钾 1.63 eV、锂 1.84 eV、镁 3.2 eV、氖 16.7 eV 等。

2. 电离电位

1902 年,勒纳开创了用慢电子撞击原子使其电离来测量原子电离电位的方法。图 7-1-1 中,开关 K_1 拨向 b 时便可以用来测量汞原子的电离电位。此时,板极 A 与阴极 K 间加上反向电场,无论如何增大栅极 G_2 的电压,电子都无法通过 G_2K,电子在加速电场中被加速获得能量并与汞原子发生碰撞。如果 $U_{G,K}$ 足够大,电子的能量被提高到足以满足汞原子中的电子摆脱原子核束缚所需的逸出功 W_z,碰撞就可以从汞原子中分离出一个新的电子,而原来的汞原子变成带正电的离子。要使汞原子电离,电子的能量需满足如下条件

$$\frac{1}{2}mv^2 = eU_{G_2K} \geqslant W_z = eU_z \qquad (7\text{-}1\text{-}4)$$

从式(7-1-4)中不难看出,当栅极电压 U_{G_2K} 达到汞原子的电离电位 U_z 时,便可使汞原子电离。由于电子无法到达板极 A,而电离后的汞离子带正电,在 KA 间电场驱动下到达阴极,所以检流计检测到的电流并不是由电子形成的,而是由带正电的汞离子形成的电离电流。要使回路中检测到电离电流 I,栅极电压 U_{G_2K} 需足够大,且显著大于汞原子的第一电离电位 U_0。因此,当 $U_{G_2K} < U_z$ 时,回路中是检测不到电流的,只有当 $U_{G_2K} \geqslant U_z$ 时,才能检测到由汞离子形成的电离电流,如图 7-1-3 所示。表 7-1-1 给出的是在碱金属蒸汽和稀有气体中观察到的第一电离电位 U_z 值。

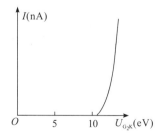

图 7-1-3 汞原子电离电位曲线

表 7-1-1　碱金属蒸汽和稀有气体的电离电位

原子	铯 Cs	铷 Rb	钾 K	钠 Na	锂 Li	氙 Xe	氪 Kr	氩 Ar	氖 Ne	氦 He
电离电位 U_z(V)	3.89	4.18	4.34	5.14	5.39	12.1	14.0	15.8	21.6	24.6

由于汞在常温下呈液态,为提高电子与汞原子碰撞的概率,需对夫兰克-赫兹管进行加热,使液态汞汽化。若测量对象为氩、氖、氦等气体,则无须加热。

【实验内容】

1. 准备工作

(1)加热炉升温。将最大测量值大于 200 ℃的温度计插入加热炉中(保证温度计的水银泡与夫兰克-赫兹管中栅极、阴极平齐)。接通加热炉电源,对夫兰克-赫兹管进行加热,约 20 分钟后可观察到电热丝忽明忽暗,此时双金属片温控开关处于频繁接通、断开的变化状态。根据实验预定的温度要求(如 90 ℃、140 ℃、180 ℃或 200 ℃),调节加热炉面板右侧的控温旋钮,控制升温速度,从 90 ℃开始以约 20 ℃的间隔逐步升温,避免升温过快而导致仪器损坏。

(2)微电流放大器通电预热。在加热炉升温的同时对微电流放大器进行预热,先将"栅压选择"拨到交流"M",并观察电流表指针是否左右缓慢摆动,然后再拨向直流"DC"(如果交流挡位电流表不来回摆动,要检查电路是否连接正确,有无接触不良)。预热 20 分钟后进行"零点"和"满度"(微安表的指针指在 100 μA 位置)校准。先将"工作状态"选择"激发"位置,再将"倍率"旋钮转向所需挡位("×1"或其他挡位)。由于"零点"和"满度"的调节之间略有牵连,"零点"调节会影响"满度"的调节结果,"满度"调节也会影响"零点"的调节结果,因此,要反复调节,务必使两者同时达到要求。仪器正常稳定工作之后,方可连机进行测试。

(3)线路连接和工作电压调节。先将微电流放大器上"栅压选择"拨到直流"DC"挡,并将"栅压调节"旋钮调到最小。再用仪器自带的专用连接线将加热炉与微电流放大器的对应接线端连接好,切勿接反或短路。灯丝电压U_H设定为交流 6.3 eV(可以通过万用表测量 K、H 端的交流电压来确定,如不是 6.3 eV,通过微电流放大器面板上的"灯丝电压"细调螺丝进行调节)。测量时,微电流放大器后盖上的输出端暂不与示波器或记录仪相连接。

2. 电离电位测量

微电流放大器工作稳定,炉温升到所需温度(本实验取 90℃较为适宜),夫兰克-赫兹管灯丝预热完成后,便可进行汞原子电离电位的测量。

(1)粗略观察。先将微电流放大器上的"倍率"调到"×10⁻⁴"挡,"工作状态"切换到"电离",然后缓慢旋转"栅压调节"旋钮,缓慢增大栅压U_{G_2K},完整观察电离电流I_A随栅压变化的过程。当微安表指针发生明显偏转,且从加热炉的窗口可以观察到夫兰克-赫兹管内栅极与阴极之间出现淡蓝色辉光时,说明汞原子已经发生电离。这时须停止增加U_{G_2K}的电压值,并调小U_{G_2K},直至为零。至此,粗略观察汞原子电离过程就已完成。

(2)逐点测量。从 0 V 开始缓慢增大栅压U_{G_2K},细心观察微安表电流变化,并逐点记录,直到微安表指针发生明显偏转,测量结束。为了提高测量结果的准确性,在微安表刚发生变化的阶段多测几个点。以栅压U_{G_2K}为横坐标,电流I为纵坐标绘制电离电位曲线。从电流曲线近似线性部分的切线与横轴的交点可以获得汞原子的电离电位U_z。将计算结果与公认值进行比较,分析误差来源。

3. 第一激发电位测量

完成电离电位测量后,将"栅压调节"旋扭调到最小,"工作状态"切换到"激发"。调节加热炉面板上的控温旋钮,逐步升温到所需温度(可以在不同温度下测量汞原子的第一激发电位,如140 ℃、160 ℃、180 ℃、200 ℃等),待温度稳定后便可开始测量激发电位。

(1)粗略观察。先将微电流放大器的"倍率"调到"×10"挡,并将"栅压调节"旋钮从零开始缓慢调大,观察一个完整的电流起伏波形(即电流I_A增大→减小→增大)。通过观察,大致了解汞原子第一激发电位U_0值。如果微安表满偏,可以通过"倍率"旋钮增大倍率来扩大量程。

(2)逐点测量。从 0 V 开始缓慢增加栅压 U_{G_2K}，仔细观察微安表的指针偏转，并记录电压、电流值和测试条件。为了便于数据处理过程中准确提取 U_0 值，可在电流波峰和波谷附近多测一些点。在方格纸上绘制 $I_A - U_{G_2K}$ 曲线，并计算出 U_0 的平均值。将计算结果与公认值进行比较，分析误差来源。

(3)实验中可以在不同的温度和不同的灯丝电压下测量 I_A 随 U_{G_2K} 变化的规律。可以在同一张 $I-U$ 图中比较同一温度下不同灯丝电压 U_H（如 5.7 eV、6.0 eV、6.3 eV 和 7.0 eV 等）获得的 $I_A - U_{G_2K}$ 曲线，也可以在同一张 $I-U$ 图中比较同一灯丝电压下不同温度（如140 ℃、160 ℃、180 ℃、200 ℃等）对应的 $I_A - U_{G_2K}$ 曲线，分析温度和灯丝电压对 $I_A - U_{G_2K}$ 曲线和 U_0 的影响。

【注意事项】

(1)实验完毕，须将"栅压选择"和"工作状态"开关置"0"，"栅压调节"旋到最小。

(2)实验完毕，暂不要拆除 K、H 间连线，也不要切断微电流放大器电源。应先切断加热炉电源，小心旋松加热炉面板螺丝（或卸下面板），让炉子降温，在温度低于 120 ℃之后再切断放大器电源，这样能延长管子的使用寿命。

(3)加热炉外壳温度较高，操作时应注意避免灼伤。移动加热炉时，必须提拎炉顶的隔热把手。

(4)由于加热炉结构较小巧轻便，炉内温场分布不甚均匀，因此，温度计的水银泡要与夫兰克-赫兹管中的栅极、阴极平齐。

(5)双金属片控温开关有热惯性，在所需温度范围内会有±3 ℃的涨落，但不影响实际测量。

(6)控温时，电热丝会忽亮忽暗。在同一 U_{G_2K} 电压下，电热丝点亮时 I_A 值比熄灭时略大。这是由电热丝直接热辐射所致的，但不影响曲线峰、谷值的位置。为了取得一致的结果，读数时要注意电热丝的明暗变化，可以采取在同一状态下（如点亮时）读数的办法来减小差异。

(7)当炉温较低而栅压 U_{G_2K} 过高时，整个管内会出现蓝白色的辉光。此时管内全面电离击穿,电流远远超出微安表的最大量程(微安表无论如何扩大倍率,也无法读数)。应立即降低U_{G_2K}电压,采用锯齿扫描时,应将"栅压选择"开关拨向"DC",以免管子受多次严重击穿而损坏。

(8)灯丝电压只能在$5.7\sim7.0$ eV之间选用,即不宜超过标准值6.3 eV的$\pm10\%$。电压过高或过低都会损伤管子。

(9)微电流测量放大器的"G""H""K"端切忌接反或短路,连线时需要注意。

(10)微电流测量放大器的"倍率"旋钮相邻挡位应成10倍关系增大或减小。根据I_A值的大小选用适当的倍率,I_A的读数为表头读数×倍率值$\times10^{-6}$A。

(11)更换夫兰克-赫兹管时,必须捏住电极连接套,以免扭裂管壳造成漏气。

【实验数据记录与处理】

1. 电离电位测量

测试条件:$U_H=$____ V;$U_{AG_2}=$____ V;$t=$____℃。

U_{G_2K}(V)								
$I_A(\mu A)$								

2. 第一激发电位测量

测试条件:$U_H=$____ V;$U_{AG_2}=$____ V;$t=$____℃。

U_{G_2K}(V)								
$I_A(\mu A)$								

数据处理如下:

(1)根据实验数据分别绘制汞原子电离和激发I_A—U_{G_2K}曲线。

(2)根据实验数据求得汞原子的第一激发电位U_0。

(3)根据实验数据求得汞原子电离电位U_z。

【思考题】

(1)实验过程中,若电离电位和激发电位均要求测量,应先测电离电位,再测激发电位,为什么?

(2)拒斥电压的大小对 I_A—U_{G_2K} 曲线有何影响?

7.2 密立根油滴实验

1909 年,美国芝加哥大学物理学家罗伯特·安德鲁·密立根发表了物理学史上堪称物理实验典范的密立根油滴实验。1909—1917 年,密立根及其学生哈维·福莱柴尔等人致力于测量微小油滴上所带的电荷。密立根油滴实验的重要意义在于:一方面,它证实了电荷的量子性,物体所带的电荷都是某一基本电荷 e 的整数倍;另一方面,实验明确给出了较为准确的电子电量值 $e=1.60×10^{-19}$ C。这一实验成就使密立根荣获 1923 年诺贝尔物理学奖。

密立根油滴实验在近代物理实验中具有重要地位,这不仅仅因为它的实验结果,还因为该实验的设计思想给后来的实验设计提供了参考。例如,近年来采用磁漂浮的方法测量分数电荷的实验,便是借鉴密立根油滴实验的设计思想。

【实验目的】

(1)学习测量元电荷的方法。

(2)学习计算电子电荷量及相关数据处理的方法。

(3)锻炼严谨的物理实验态度,培养坚韧不拔的科学精神。

【实验仪器】

MOD-5C 型油滴实验仪、钟油等。

【实验原理】

根据实验中油滴的运动状态,将本实验方法分为动态测量法(油滴做匀速直线运动)和平衡测量法(油滴静止)。

1. 动态测量法

以平行板电容器内部空间中一个足够小的油滴为研究对象。假设此油滴半径为 r,质量为 m,空气可看作黏滞流体,油滴在空气及重力场中运动,除受重力和浮力作用外,还受黏滞阻力的作用,如图 7-2-1 所示。

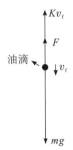

图 7-2-1　油滴在空气及重力场中的受力分析

由斯托克斯定律可知,黏滞阻力与物体运动速度成正比。油滴在重力场中重力大于浮力,做加速下落运动,由于黏滞阻力存在,加速度逐渐减小。设油滴最终以速度 v_f 匀速下落,油滴受到的空气浮力为 F,黏滞阻力为 Kv_f,则

$$mg - F = Kv_f \tag{7-2-1}$$

式中,K 为比例常数,g 为重力加速度。

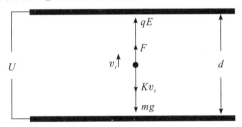

图 7-2-2　油滴在平行板电容器两极板间受力分析

平行板电容器两极板间距为 d,两极板间加电压 U,则板间电场近似匀强电场,电场强度 $E=U/d$。假设油滴带电荷量为 q,那么在平行板电容器的匀强电场中,油滴还将受到电场力的作用,大小为 qE。调节电场方向,使电场力方向与重力方向相反,使油滴加速向上运动,如图 7-2-2 所示。同样由于黏滞阻力的存在,油滴的加速度大小逐渐减小,设油滴最终以速度 v_r 匀速上升,则

$$mg - F + Kv_r = qE \tag{7-2-2}$$

由式(7-2-1)和式(7-2-2)消去 K,可解出 q 为

$$q = \frac{(m_1 g - F)d(v_f + v_r)}{Uv_f} \tag{7-2-3}$$

一般从喷雾器的喷口喷出的油滴十分微小,直径在微米量级,要测量 m 十分困难,同样,要测量油滴受到的浮力 F 也十分困难。可以通过油滴密度 ρ_1 和空气的密度 ρ_2 来表示 m 和 F。设油滴的半径为 r,则重力与浮力之差为

$$mg - F = \frac{4}{3}\pi r^3 (\rho_1 - \rho_2)g \qquad (7\text{-}2\text{-}4)$$

根据斯托克斯定律,黏滞流体对球形运动物体的阻力与物体速度成正比,其比例系数 K 为 $6\pi\eta r$,其中,η 为将空气看成连续分布的流体时的黏滞系数,r 为物体半径。由式(7-2-4)和式(7-2-1),解得

$$r = \left[\frac{9\eta v_f}{2g(\rho_1 - \rho_2)}\right]^{\frac{1}{2}} \qquad (7\text{-}2\text{-}5)$$

将式(7-2-3)、式(7-2-4)和式(7-2-5)联立,可得

$$q = 9\sqrt{2}\pi \left[\frac{\eta^3}{(\rho_1 - \rho_2)g}\right]^{\frac{1}{2}} \cdot \frac{d}{U}\left(1 + \frac{v_r}{v_f}\right)v_f^{\frac{3}{2}} \qquad (7\text{-}2\text{-}6)$$

由式(7-2-6)可知,只要测出 v_r、v_f、η、ρ_1、ρ_2、U 和 d 等宏观量,即可得到油滴所带电量 q 值。但是对上式还需进行修正,因为油滴的直径十分微小,此时的气体不能再看作连续分布的介质,故而需要对空气的黏滞系数作修正。修正后的黏度 η' 与空气可以看作连续介质时的黏度 η 的关系为

$$\eta' = \frac{\eta}{1 + \frac{b}{pr}} \qquad (7\text{-}2\text{-}7)$$

式中,p 为空气压强,单位为 N/m^2,b 为修正常数,$b = 0.00823\ Pa\cdot m$,因此,式(7-2-6)可近似表达为

$$q = 9\sqrt{2}\pi \left[\frac{\eta^3}{(\rho_1 - \rho_2)g}\right]^{\frac{1}{2}} \cdot \frac{d}{U}\left(1 + \frac{v_r}{v_f}\right)v_f^{\frac{3}{2}}\left[\frac{1}{1 + \frac{b}{pr}}\right]^{\frac{3}{2}}$$

$$(7\text{-}2\text{-}8)$$

在本实验中,油滴被限定在一固定区域内运动,故其运动的距离也是固定的,设为 S,则其运动的速度 v_r 和 v_f 可以通过测量时间 t_r 和 t_f 来计算,因此,式(7-2-8)可写成

$$q = 9\sqrt{2}\pi d\left[\frac{\eta^3 S^3}{(\rho_1 - \rho_2)g}\right]^{\frac{1}{2}} \cdot \frac{1}{U}\left(\frac{1}{t_r} + \frac{1}{t_f}\right)\left(\frac{1}{t_f}\right)^{\frac{1}{2}}\left[\frac{1}{1 + \frac{b}{pr}}\right]^{\frac{3}{2}} \qquad (7\text{-}2\text{-}9)$$

如果忽略空气浮力,油滴所带电荷量可表示为

$$q = \frac{18\pi}{\sqrt{2\rho g}} \left[\frac{\eta S}{\left(1 + \frac{b}{pr}\right)} \right]^{\frac{3}{2}} \frac{d}{U} \left(\frac{1}{t_r} + \frac{1}{t_f} \right) \left(\frac{1}{t_f} \right)^{\frac{1}{2}} \quad (7\ 2\text{-}10)$$

式中,ρ 为油滴密度,r 可由式(7-2-5)改写为

$$r = \left[\frac{9\eta S}{2g t_f (\rho_1 - \rho_2)} \right]^{\frac{1}{2}} \quad (7\text{-}2\text{-}11)$$

2. 静态测量法

静态测量法是指使油滴在均匀电场中受力平衡,静止在某一位置。当油滴在电场中平衡时,油滴在两极板间的匀强电场中受到的电场力 qE、重力 mg 和浮力 F 三者达到平衡,即

$$mg - F = q \frac{U}{d}$$

静态测量法与动态测量法的不同之处还体现在 $v_r = 0$,则式(7-2-8)变化为

$$q = 9\sqrt{2}\pi \left[\frac{\eta^3}{(\rho_1 - \rho_2)g} \right]^{\frac{1}{2}} \cdot \frac{d}{U} \left[\frac{v_f}{1 + \frac{b}{pr}} \right]^{\frac{3}{2}} \quad (7\text{-}2\text{-}12)$$

用 t_f 和 S 来表示 v_f,如果忽略空气浮力影响,油滴所带电荷量可表示为

$$q = \frac{18\pi}{\sqrt{2\rho g}} \left[\frac{\eta S}{t_f \left(1 + \frac{b}{pr}\right)} \right]^{\frac{3}{2}} \frac{d}{U} \quad (7\text{-}2\text{-}13)$$

3. 电子电量的测量方法

为了准确测量电子所带电量,需要采集大量油滴来测量每个油滴的电量 q_i。通过对所有测得的电量进行分析,可以找到电荷的最小单位 e 值。已知电荷量子化特性,每个油滴的带电量都是电子电量的整数倍,即

$$q_i = n_i e (n_i \text{ 为一整数})$$

由此可见,求电子的电量,实际上就是求各个油滴所带电量值的最大公约数,也可以求各油滴所带电量之差的最大公约数。

$$\Delta q_{ij} = |q_i - q_j| = n_{ij} e (n_{ij} \text{ 为一整数}) \quad (7\text{-}2\text{-}14)$$

【实验内容】

1. 准备工作

(1)调平仪器。将 MOD-5C 型油滴实验仪放置平稳,调节仪器底部的两只调平螺丝,使油滴盒内水准泡的水泡处于中心圆圈内。此时,平行板电容器的上下两个极板处于水平位置(注:实验中不用去调整油雾室下部的平行板电容器的上下极板)。

(2)预热仪器,调节分划板。仪器需通电预热 5～10 分钟。在预热的同时,从测量显微镜中观察分划板图像是否清晰、端正。分划板位于测量显微镜的目镜内。如果分划板图像模糊,可以旋松固定目镜位置的螺丝,前后移动目镜,直到分划板图像清晰且无视差为止。如果分划板图像倾斜,可左右转动目镜,将分划板放正(横线水平,垂线竖直)。

(3)连接监视器。为了便于观察,实验中 MOD-5C 型油滴实验仪可与 CCD(电荷耦合器)中的光电显示系统结合使用。将监视探头套入测量显微镜的目镜上,并将探头的电源线和视频输入线连接到油滴实验仪面板上的对应接口上,再将视频输出线接到监视器的视频输入端口。此时,监视器的显示屏上就会显示出视场中分划板清晰的像,如果显示屏上分划板的像倾斜,可以通过转动探头来调正。

(4)观察油滴。将喷雾器喷口对准油雾室旁侧的喷雾口喷入油雾(喷 1～2 次即可)。移动油雾室中间的金属挡片,使挡片中间的圆孔与油滴盒(平行板电容器)上极板中间的进油孔对齐,油雾室中的油滴便可通过小孔进入电容器电场中。此时从监视器上就可以看到大量的大小不一的亮点。前后移动测量显微镜,寻找大小适中、亮度高的油滴,并使其清晰地呈现在显示屏上。

2. 练习测量

在静态测量法下练习测量。

(1)油滴选择练习。当移开油雾室金属挡片时,会有大量油滴进入电场中,让观察者眼花缭乱,所以要对进入电场中的油滴进行筛选。油滴在喷入油雾室过程中与空气摩擦而带电,带电量各不相同。带电量大的油滴对电场力反应灵敏,施加电场时运动速度快,不易控制;体积大的油滴重力较大,一般带电量也大,施加电场时的上升速度和撤去电场时的下落速度都很大,也不易控制;电量小的油滴需要施加较大电场,也不适合。一般平衡电压在200 V左右,下落时经过分划板上4个格子用时在10 s左右的油滴较为合适。筛选油滴的方法是首先施加250V的工作电压,并通过"提升""平衡"和"下落"三个工作状态挡位来驱走大部分不合适的油滴。然后施加200 V的平衡电压,观察运动较为缓慢的油滴,从中选择亮度适中的油滴,调节测量显微镜,使选中的油滴成像最清晰。

(2)油滴控制练习。眼睛紧盯选中的油滴,细微调节平衡电压,使其静止。通过油滴实验仪面板上的"提升"挡来让油滴上升;通过"平衡"挡来让其静止;通过"下落"挡来让其下落。反复练习,通过"提升""平衡""下落"三个挡位的来回切换,控制油滴在分划板内各位置来回移动,而不跑到视场之外。

(3)运动时间测量练习。挑选几个不同速度的油滴来练习,首先将油滴提升到分划板的上端刻度线附近,并静止,然后选择"下落"挡让油滴下落,测量油滴下落一段距离所用的时间,并在油滴到达分划板下端刻度线之前让油滴停下,然后再将油滴提升到分划板上端刻度线附近。重复操作,每个油滴重复的次数不少于5次。

3. 正式测量

本实验采用静态测量法。将选定的油滴移至分划板上的某一横线上,微调"平衡电压",观察油滴在竖直方向是否发生移动,以此来判断油滴是否受力平衡,记录油滴平衡时对应的平衡电压 U。

分划板竖直方向上共有6个格子,取中间4个格子(2 mm)为油滴下落的固定距离。将工作状态拨向"提升"挡,将油滴移到分划板的最上端横线附近,然后切换到"平衡"挡,让油滴静止,最后拨到"下落"挡,让油滴下落。当油滴落到分划板第二条横线时,按下油滴仪面板上的计时键,开始计时。当油滴下落4个格子时,再按计时键,计时停止。这时油滴仪上显示油滴下落4个格子(2 mm)所用的时间 t_f。

在油滴下落到分划板的最下面横线之前,将工作状态拨回"平衡"挡,使油滴停下,再将工作状态拨到"提升"挡,使油滴再回到分划板的最上端横线附近。如此反复,同一个油滴至少重复 5 次,然后换新的油滴测量,至少测量 10 个油滴。

4. 计算电子电量 e

根据实验中测得的 10 个油滴所带电量来计算最小电荷量,即电子电量。通常有两种计算方法。方法一:由已知电子的电荷量 1.602189×10^{-19} C 来估算油滴带电量 q_i 是电子电量的 n 倍,再由估算的 n(取整数)去除油滴电量 q_i,得到最小电荷量值;方法二:用 MATLAB 软件编程,计算出 10 个油滴电量值的最大公约数,即最小电荷量值。

【注意事项】

(1)喷雾器每次的喷油量不能太多,否则多余的油会堵住平行板电容上极板的小孔,使油滴无法进入电场中。

(2)选择的油滴体积要适中。大的油滴虽然比较亮,但通常带的电荷较多,上升和下降的速度较快,不容易控制;如果油滴太小,一方面在观察时容易引起视觉疲劳,另一方面,布朗运动对油滴运动的影响会较大,使测量结果涨落很大,从而影响测量结果的准确性。因此,应该选择质量适中而带电量不多的油滴。

【实验数据记录与处理】

静态测量法测量 10 个油滴的数量记录如下。

电荷编号	所加电压 $U(V)$	每次运动时间 $t_f(s)$					平均运动时间 $\overline{t_f}(s)$	带电量 q_i (C)	$n_i = q/e$ (n_i 取整数)	$e_i = q_i/n_i$ (C)
		t_{f1}	t_{f2}	t_{f3}	t_{f4}	t_{f5}				
1										
2										
3										
4										
5										
6										

续表

电荷编号	所加电压 $U(V)$	每次运动时间 $t_f(s)$					平均运动时间 $\overline{t_f}(s)$	带电量 q_i (C)	$n_i=q/e$ （n_i 取整数）	$e_i=q_i/n_i$ (C)
		t_{f1}	t_{f2}	t_{f3}	t_{f4}	t_{f5}				
7										
8										
9										
10										

相关参数含义及参考值见下表。

ρ 为油的密度	$\rho=981$ kg·m^{-3},可根据钟油瓶上的参数进行修正
g 为重力加速度	$g=9.7949$ m·s^{-2}
η 为空气黏滞系数	$\eta=1.83\times10^{-5}$ kg·m^{-1}·s^{-1}
S 为油滴匀速下降的距离	$S=2.00\times10^{-3}$ m
b 为修正常数	$b=0.00823$ Pa·m
p 为大气压强	p 由室内气压计读取
d 为平行极板间的距离	$d=5.00\times10^{-3}$ m

数据处理如下：

利用式(7-2-13)算得每个油滴的电量 q_i，然后根据 e 的公认值算出每个油滴电量 q_i 对于 e 的倍数，$n_i=\dfrac{q_i}{e}$（取整数），从而算出 $e_i=\dfrac{q_i}{n_i}$。

式(7-2-13)中，$r=\left(\dfrac{9\eta S}{2gt_f\rho}\right)^{\frac{1}{2}}$

根据每个油滴算得的 e_i，得 $\overline{e}=\dfrac{1}{10}\sum\limits_{i=1}^{10}e_i=$

再由 $S_e=\sqrt{\dfrac{\sum\limits_{i=1}^{10}(e_i-\overline{e})^2}{10\times(10-1)}}$ 算得 e 的标准偏差。

【思考题】

(1)实验中为什么不在油滴刚开始下落时就计时？

(2)若油滴盒内两容器极板不平行或者电容器两极板不水平，对实验结果有何影响？

(3)实验中油滴运动方向不竖直是什么原因造成的?

(4)为什么向电容器喷油雾时,要将电容器极板短路?

【仪器介绍】

油滴实验仪主要由电路箱、测量显微镜、油雾室、CCD 光电转换系统、监视器、喷雾器等部件组成。实验装置外观如图 7-2-3 所示。油滴盒位于油雾室下方,由两块圆形金属平板中间夹着圆环形绝缘胶木构成,故而油滴盒也可看作平行板电容器。油滴盒上极板中心有一个进油孔,与油雾室相通。油雾室一侧开有喷雾口,喷雾器的喷头可以伸到油雾室内进行喷雾。油雾室内的油滴通过进油孔进入油滴盒内。在油滴盒上极板与油雾室之间还有一个金属挡片,当进入油滴盒的油滴过多,妨碍观察时,可以移动挡片遮住油滴盒的进油孔,阻挡油雾室内的油滴进入油滴盒中,如图 7-2-4 所示。油滴盒的环形绝缘胶木一侧开有小孔,LED 发光二极管正对着小孔。油滴盒内的油滴反射发光二极管的光线,变成一个个小亮点,看起来像夜空中的小星星。油滴盒的环形绝缘胶木另一侧开口与移测显微镜相连。移测显微镜的观察目镜中刻有分划板,如图 7-2-5 所示。目镜与 CCD 相连,可以在监视器中观察到油滴在分划板标定的区域内运动。

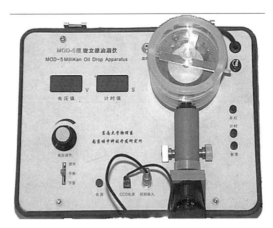

图 7-2-3　密立根油滴实验仪

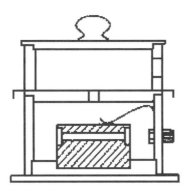

图 7-2-4 油滴实验仪的油雾室

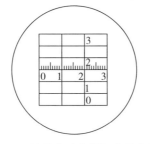

图 7-2-5 油滴实验仪视场中的分划板

　　油滴在视场中的运动可以通过油滴实验仪面板上的控制杆来操控。控制杆有"提升""平衡""下降"三个挡位。在选定油滴后,将控制杆置于"平衡"挡,通过电压调节旋钮选择合适电压使油滴静止。将控制杆置于"提升"挡,可以将油滴提升到分划板上方。油滴实验仪面板左上方有两个数值显示器,左边显示平衡电压值,右边显示计时值。测量时,将控制杆置于"下降"挡,同时按下面板右下方的"计时"按钮,开始计时。当油滴下落到分划板下方预定位置时,将控制杆拨回"平衡"挡,同时按计时按钮,计时停止,此时,时间显示器显示的就是油滴下落指定高度所用的时间。油滴实验仪面板右下方"复零"按钮用于时间复零。

7.3　光栅光谱仪的使用

　　在科学研究和工业生产过程中,光谱分析法是一种十分常见也十分重要的方法。光谱仪是进行光谱分析的重要设备。色散系统是光谱仪的核心部件,常见的色散元件有棱镜和光栅。在现代科学研究中,光栅光谱仪被大量使用。开展光谱分析首先要从宽波段的电磁辐射中分离出一系列窄波段的电磁辐射,窄波段的宽度是衡量光谱分析仪器性能的重要指标之一。利用光栅出射电磁辐射的衍射角与波长之间存在特定关系,通过步进电机驱动光栅转动来改变衍射角,并将出射的电磁辐射通过光电转换装置转换成电信号输入计算机中,就可以实现用电脑来完成波长扫描和信号采集工作。使用电脑完全控制的自动扫描多功能光栅光谱仪改变了以往在摄谱仪上使用感光胶片来记录光谱的方法,该方法便于进行数据记录、传输和处理,也可以完美地与其他相关设备融合成高效率、高性能的自动测试系统,现已成为现代光谱研究的主流方法。

本实验主要介绍 WGD-8/8A 型组合式多功能光栅光谱仪的工作原理及使用方法。

【实验目的】

(1)了解光栅光谱仪的工作原理。

(2)学习利用光栅光谱仪进行光谱分析的方法。

【实验仪器】

WGD-8/8A 型组合式多功能光栅光谱仪、光源(汞灯或钠灯)、计算机、打印机等。

【实验原理】

光栅光谱仪是以光栅为分光元件,利用不同波长的光对应不同的衍射角这一原理,将复色光分解成单色光。光栅光谱仪是光谱测量中最常用的仪器。WGD-8/8A 型组合式多功能光栅光谱仪光学系统示意图如图 7-3-1 所示。整个光学系统由入射狭缝 S_1、平面反射镜 M_1 和 M_4、抛物面反射镜 M_2(准直镜)和 M_3(成像物镜)、平面衍射光栅 G,以及出射狭缝 S_2、S_3 构成。

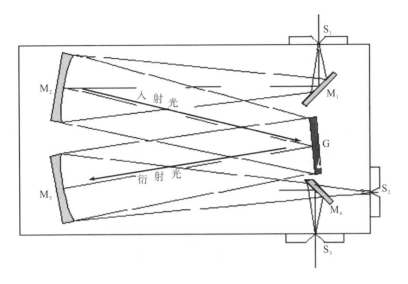

图 7-3-1 WGD-8/8A 型组合式多功能光栅光谱仪光学系统示意图

待测光源发出的复色光经过入射狭缝 S_1 进入光谱仪，S_1 位于准直镜 M_2 的焦面上。复色光经平面反射镜 M_1 反射后入射到准直镜 M_2 上，再经准直镜 M_2 会聚成平行光照射到光栅 G 上。入射光在光栅 G 上发生衍射，衍射光经物镜 M_3 会聚于焦面上。出射狭缝 S_2、S_3 位于物镜 M_3 的焦面上，狭缝 S_2 后面是光电倍增管，狭缝 S_3 后面是 CCD 接收器。光电倍增管和 CCD 接收器中的光电转换单元对采集到的光信号进行处理，转换后的电信号由数据线传递给计算机。光电倍增管的输出数据经软件处理后绘制成光谱曲线，通过电脑显示屏或打印机输出。CCD 系统采集的动态信号经软件处理后输出模拟摄像视频。整个系统工作流程如图 7-3-2 所示。

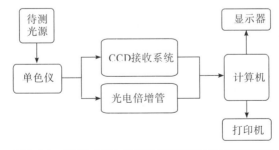

图 7-3-2 WGD-8/8A 型光栅光谱仪系统工作流程图

衍射光栅是光栅光谱仪色散系统的核心元件。WGD-8/8A 型组合式多功能光栅光谱仪采用切尔尼-特纳光学系统,其色散元件是反射式光栅。在一块光学玻璃或金属上均匀刻画一系列平行刻线,其密度达每毫米 2400 条。刻线方向与狭缝平行,相邻刻线的间距 d 称为光栅常数,光栅衍射方程为

$$d(\sin\alpha - \sin\beta) = k\lambda, k = 0, \pm 1, \pm 2, \cdots \tag{7-3-1}$$

式中,d 为光栅常数,α、β 分别为相对于光栅平面法线的入射角和衍射角,k 为衍射级次,λ 为发生衍射的谱线波长。

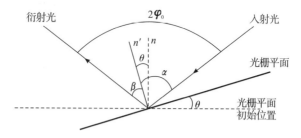

图 7-3-3 光栅衍射示意图

由于单色仪的准直镜 M_2 和成像物镜 M_3 的位置固定,因此,入射光线和衍射光线间的夹角是固定值,令其为 $2\varphi_0$。光栅光谱仪对不同波长谱线的检测是通过光栅平台转动以改变入射角和衍射角来实现的。光栅从初始位置转动 θ 角,光栅平面的法线也随之从 n 转到 n' 位置,转动 θ 角,入射角增加 θ,而衍射角减小 θ,则入射角与衍射角之差为 2θ,故有 $\alpha+\beta=2\varphi_0$,$\alpha-\beta=2\theta$,如图 7-3-3 所示。对式(7-3-1)进行三角变换,得

$$d \cdot 2\sin\frac{\alpha-\beta}{2}\cos\frac{\alpha+\beta}{2} = k\lambda$$

即

$$2d\cos\varphi_0\sin\theta = k\lambda \tag{7-3-2}$$

由式(7-3-2)可知,对于同一衍射级次,不同波长的谱线对应不同的光栅转角 θ。当 $\theta=0$ 时,则 $k=0$,$\alpha=\beta=\varphi_0$,此时零级衍射光与入射光关于光栅平面法线对称。WGD-8/8A 型组合式多功能光栅光谱仪把零级衍射对应的光栅位置标定为谱线波长的零点,将一级衍射谱线($k=1$)作为检测对象,谱线波长 λ 与光栅转角 θ 的关系可以表示为下式

$$\lambda = 2d\cos\varphi_0\sin\theta \tag{7-3-3}$$

即光栅光谱仪把对波长的检测转变为对光栅转角的测量。

【实验内容】

1. 准备工作

(1)接通电源之前,先认真检查光栅光谱仪各个部分(单色仪主机、电控箱、接收单元和计算机等)的连线是否正确。

(2)狭缝调节。狭缝为直狭缝,宽度范围为 0～2 mm 连续可调,顺时针旋转为狭缝宽度增大,反之减小,每旋转一周狭缝宽度变化 0.5 mm。为延长使用寿命,调节时注意最大不超过 2 mm,平常不使用时,狭缝宽度最好开在 0.1～0.5 mm。

(3)开启电箱。电箱包括电源、信号放大器、控制系统和光源系统。在运行仪器操作软件前,一定要确认所有的连接线正确连接,且已经打开电箱的电源开关。

(4)启动程序。单击"开始"菜单,执行"程序"组中"WGD-8A"组下的"WGD-8A 倍增管系统"或"WGD-8A CCD 系统",即可分别进入 WGD-8A 的倍增管系统或 CCD 控制处理系统。

2. 系统初始化

软件启动后会弹出对话框,让用户确认当前的波长位置是否有效、是否重新初始化。如果选择确定,则确认当前的波长位置,不再初始化;如果选择取消,则进行初始化,初始化后波长位置确定在 200 nm 处。每次重新开机,实验前都要进行初始化。

3. 波长校准

光栅光谱仪在第一次使用前要用已知的光谱线来校准仪器的波长准确度。在日常使用中,也要定期校准仪器的波长准确度。通常可用氖灯、钠灯、汞灯以及其他已知光谱线的光源来校准光谱仪的波长。WGD-8A 型组合式多功能光栅光谱仪的光电倍增管波长接收范围是 200～660 nm,CCD 的光谱响应区间是 300～660 nm,汞灯特征谱线分布范围较广(237.83 nm、253.65 nm、275.28 nm、296.73 nm、313.16 nm、334.15 nm、365.02 nm、404.66 nm、435.83 nm、491.60 nm、546.07 nm、576.96 nm 和 579.06 nm),恰好覆盖光谱仪的测量范围,故汞灯是理想的波长校准光源。氘灯的两根已知谱线波长为 486.02 nm 和 656.10 nm,钠灯的两根特征谱线波长为 588.97 nm 和 589.61 nm。

光栅光谱仪检索波长与步进电机驱动螺杆上滑槽的运动距离呈非线性关系,所以在对短波段校准时,并不意味着长波段也能得到有效校准,反之亦然。在光谱仪波长校准时,应根据实际测量范围来选择合适的特征谱线作为校准参考值。例如,事先确定待测谱线的波长范围,若待测谱线波长处于光谱仪测量范围的长波段区域,可以选用氘灯或钠灯的特征谱线来校准;如果待测谱线波长处于测量范围的短波段区域,则选择汞灯的 365.02 nm 特征谱线来校准较为合适。

将校准光源置于入射狭缝处,根据能量信号的大小手工调节入射狭缝和出射狭缝的宽度,扫描校准光源光谱,将检索到的特征谱线波长与标准值进行比较,如果波长有偏差,则需进行校准。

(1)光电倍增管处理系统波长校准操作。点击菜单栏→"读取数据"→"波长修正",执行该命令后,弹出"输入"对话框。在"输入"编辑框中输入修正值,单击"确定"按钮,系统会自动记忆修正值并自动调整硬件系统。当标准峰波长偏长时,输入的修正值为负值,反之为正值。一般修正后需要关闭软件,再重新启动软件,并对设备进行重新初始化,再测峰、修正,总修正值不得超过±50 nm。

(2)CCD 处理系统波长校准操作。点击菜单栏→"系统"→"波长修正",执行该命令后,弹出"输入"对话框。在"输入"编辑框中输入修正值,单击"确定"按钮,系统会自动记忆修正值并自动调整硬件系统。当标准峰波长偏长时,输入的修正值为负值,反之为正值。一般修正后需要关闭软件,再重新启动软件,并对设备进行重新初始化,再测峰、修正,总修正值不得超过±50 nm。

4. 扫描不同光源的光谱

(1)扫描钠原子光谱,将光谱仪电压调到 500 V 左右,观察扫描到的两条钠原子特征谱线,通过软件的"寻峰"功能提取每条谱线的波长。

(2)扫描汞原子光谱,将光谱仪电压调到 500 V 左右,可检索到一系列谱线,通过软件的"寻峰"功能提取每条谱线的波长。

软件操作说明参见 WGD-8/8A 型组合式多功能光栅光谱仪说明书。

【注意事项】

(1)避免光电倍增管在施加负高压时暴露在强光下(含自然光)。

(2)测量结束后,应将入射狭缝和出射狭缝调节至 0.1 mm 左右。

(3)测量结束后,点击菜单栏中"文件\退出系统",再按照提示关闭电源,退出仪器操作系统,完全退出软件后才能关闭设备电源。

(4)测量结束后,应及时调节负高压旋钮,使负高压归零,然后再关闭电箱电源。

【实验数据记录与处理】

熟悉仪器的操作和软件使用,并练习测量钠灯、汞灯等光源的光谱。

【仪器介绍】

WGD-8/8A 型组合式多功能光栅光谱仪由光栅单色仪、接收单元、扫描系统、电子放大器、A/D 采集单元和计算机等部件组成。该设备集光学、精密机械、电子学、计算机技术于一体,设备连线示意图如图 7-3-4 所示。光学系统采用的是切尔尼-特纳装置类型。

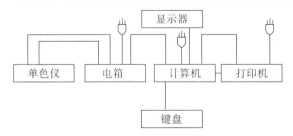

图 7-3-4 设备连线示意图

光源系统为仪器提供工作光源,可选氘灯、钠灯、汞灯等各种光源。

WGD-8/8A 型组合式多功能光栅光谱仪的光谱接收单元包括光电倍增管和 CCD 接收器,器件的控制和光谱数据处理操作均由计算机软件来完成。

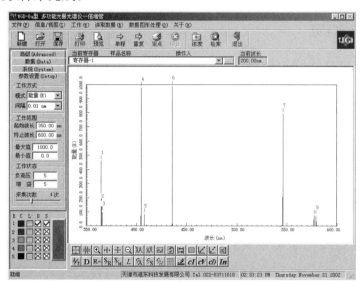

图 7-3-5　WGD-8A 倍增管系统界面

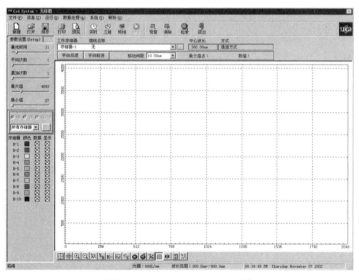

图 7-3-6　WGD-8A CCD 系统

根据接受元件不同,软件系统分为 WGD-8A 倍增管系统和 WGD-8A CCD 系统,如图 7-3-5、图 7-3-6 所示。软件系统主要功能包括仪器系统初始化、光谱扫描、定标及波长修正、电机及各种动作控制、测量参数设置、信息采集、数据图形处理、数据文件管理、光谱数据的计算等。

软件介绍详见 WGD-8/8A 型组合式多功能光栅光谱仪说明书。

7.4　氢-氘原子光谱

早在 19 世纪，人们就对原子光谱和分子光谱有了一定的研究，人们认识到原子光谱与原子内部结构之间存在着密切联系，原子光谱进而成为研究原子结构的一种重要方法。1885 年，巴耳末建立氢原子在可见光区域谱线的经验公式，后来人们把符合巴耳末经验公式的氢原子谱线统称为巴耳末系。1913 年，玻尔在巴耳末的研究成果基础上，提出氢原子的模型——玻尔模型。1925 年，海森堡等人在原子光谱研究成果的基础上提出矩阵力学，揭开量子力学研究的序幕。1932 年，尤里根据实验中发现的里德伯常量随原子核质量不同而变化这一规律，对液态氢蒸发后残留的液态氢进行光谱分析，发现氢的同位素——氘。本实验采用 WGD-8/8A 型组合式多功能光栅光谱仪观察氢-氘原子光谱，通过对巴耳末系谱线的测量和相关物理量的计算来理解精密测量的意义。

【实验目的】

(1)进一步熟悉光栅光谱仪的性能及使用方法。

(2)通过光栅光谱仪测量、辨识氢-氘原子谱线，加深对氢光谱规律和同位素位移的认识。

(3)通过计算里德伯常量和氢、氘的原子核质量之比，了解精密测量的意义。

【实验仪器】

WGD-8/8A 型组合式多功能光栅光谱仪、氢-氘光谱灯、汞灯、电脑、打印机等。

【实验原理】

1885 年,巴耳末根据氢光谱的实验测量结果总结出可见光区域氢原子光谱的规律,提出著名的巴耳末经验公式。

$$\lambda_H = B \frac{n^2}{n^2-4} (n=3,4,5,\cdots) \tag{7-4-1}$$

式中,λ_H 为真空中氢原子谱线波长,B 为常数($B=364.56$ nm),n 为大于 2 的整数。当 $n=3,4,5,6$ 时,分别对应可见光区域氢原子光谱中的四条谱线 H_α、H_β、H_γ 和 H_δ,其结果与实验结果一致,人们把氢原子光谱中符合巴耳末经验公式的谱线统称为巴耳末系。1896 年,里德伯引入波数(波长的倒数)概念,将巴耳末公式改写为式(7-4-2)的形式。

$$\widetilde{\nu}_H = \frac{1}{\lambda_H} = \frac{4}{B}\left(\frac{1}{2^2}-\frac{1}{n^2}\right) = R_H\left(\frac{1}{2^2}-\frac{1}{n^2}\right)(n=3,4,5,\cdots) \tag{7-4-2}$$

式中,R_H 为氢的里德伯常量(1.096776×10^7 m^{-1})。

根据玻尔模型和量子力学相关知识,对于只有一个价电子的类氢原子(如碱金属原子)谱线,也存在类似的规律,考虑原子实极化效应和轨道贯穿效应,氢原子和类氢原子的光谱规律可统一表示为式(7-4-3)的形式。

$$\widetilde{\nu} = \frac{R_Z Z^{*2}}{n_1^2} - \frac{R_Z Z^{*2}}{n_2^2} = R_Z\left(\frac{1}{(n_1/Z^*)^2} - \frac{1}{(n_2/Z^*)^2}\right) \tag{7-4-3}$$

式中,R_Z 为元素 Z 的里德伯常量,Z^* 为元素 Z 原子实的平均有效电荷(氢原子 $Z^*=1$,类氢原子 $Z^*>1$),n_1 和 n_2 为整数($n_2>n_1>0$)。式(7-4-4)为对应元素的里德伯常量 R_Z 的理论计算公式。氢原子光谱部分线系对应能级跃迁如图 7-4-1 所示。

$$R_Z = \frac{2\pi^2 e^4}{(4\pi\varepsilon_0)^2 h^3 c} \cdot \frac{m_e}{1+\frac{m_e}{M_Z}} = \frac{R_\infty}{1+\frac{m_e}{M_Z}} \tag{7-4-4}$$

式中,m_e 和 e 为电子的质量和电荷量,c 是真空中的光速,ε_0 为真空介电常数,h 为普朗克常数,M_Z 为元素 Z 的原子核质量。R_∞ 表示原

子核质量无限大或 $M_Z \gg m_e$ 时的里德伯常量。R_∞ 是重要的基本物理常数之一,也是少数几个能被精确确定量值的常量之一,所以 R_∞ 常作为检验理论可靠性的标准和测量其他基本物理常数的依据,其推荐值为 $R_\infty = 1.0973731568549 \times 10^7 \text{ m}^{-1}$。从式(7-4-4)中可以发现,里德伯常量 R_Z 与元素原子核质量有关,不同元素的里德伯常量会略有不同。

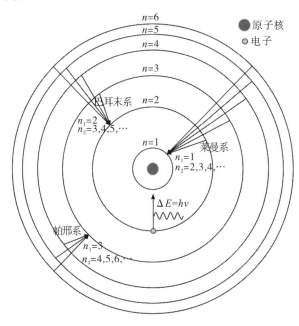

图 7-4-1　氢原子光谱部分线系对应能级跃迁示意图

1932 年,尤里及其助手对三相点($T=14$ K)下的氢进行缓慢蒸发,对最后残留的液态氢进行光谱分析,结果发现除了已知的氢原子谱线外,还有一些新的谱线。这些新谱线的位置恰好与核电荷数为 1,$M_Z=2$ 的元素预期谱线位置一致,由此,氢的同位素之一——重氢(氘,D)被发现。这一实验结果也验证了里德伯常量与原子核质量的相关性。由式(7-4-4),氢和氘的里德伯常量可分别表示为

$$R_H = \frac{R_\infty}{1 + m_e/M_H} \qquad (7\text{-}4\text{-}5)$$

$$R_D = \frac{R_\infty}{1 + m_e/M_D} \qquad (7\text{-}4\text{-}6)$$

式(7-4-5)、式(7-4-6)中,M_H 和 M_D 分别为氢原子核和氘原子核的质

量。联立式（7-4-5）和式（7-4-6）可求得氢、氘原子的原子核质量比，即

$$\frac{M_D}{M_H} = \frac{\dfrac{R_D}{R_H}}{1 - \dfrac{M_H}{m_e}\left(\dfrac{R_D}{R_H} - 1\right)} \qquad (7\text{-}4\text{-}7)$$

式（7-4-7）中，M_H/m_e 为氢原子核质量与电子质量的比值（取值 1836.1527）。如果测出氢、氘的里德伯常量 R_H 和 R_D，则可求出氢、氘原子核质量之比。根据巴耳末经验公式，氢、氘原子巴耳末系谱线波数可以表示为式（7-4-8）和式（7-4-9）。

$$\tilde{\nu}_H = \frac{R_H}{2^2} - \frac{R_H}{n^2}(n = 3,4,5,\cdots) \qquad (7\text{-}4\text{-}8)$$

$$\tilde{\nu}_D = \frac{R_D}{2^2} - \frac{R_D}{n^2}(n = 3,4,5,\cdots) \qquad (7\text{-}4\text{-}9)$$

实验中可以观测到氢、氘原子巴耳末系在可见光区域的四条谱线 H_α、H_β、H_γ、H_δ 和 D_α、D_β、D_γ、D_δ。将测得的氢、氘原子巴耳末系谱线波长及其对应的主量子数（n）带入式（7-4-8）、式（7-4-9）中，便可求得 R_H 和 R_D 的平均值。再将算得的 R_H 和 R_D 平均值带入式（7-4-7）中，便可获得氢和氘的原子核质量之比。由于氘原子核质量比氢大，因此观察到的氘原子谱线位置相对于氢而言向短波方向发生微小偏移，由此产生的微小谱线波长差，称为同位素移位。氢原子光谱可见光区域巴耳末系谱线波长参考值见表 7-4-1。

表 7-4-1　氢原子光谱可见光区域巴耳末系谱线波长参考值

符号	波长（nm）	能级跃迁（$n_2 \rightarrow n_1$）
H_α	656.280	3→2
H_β	486.133	4→2
H_γ	434.047	5→2
H_δ	410.174	6→2

表 7-4-1 中，谱线的波长均指真空中的波长，计算 R_H、R_D 和原子核质量比时涉及的谱线波长需转换成真空中的波长。氢原子光谱可见光区域巴耳末系谱线波长修正值 $\Delta\lambda = \lambda_{真空} - \lambda_{空气}$，可以根据表 7-4-2 来做近似修正。

表 7-4-2　氢原子光谱可见光区域巴耳末系谱线波长修正值

氢谱线	H_α	H_β	H_γ	H_δ
$\Delta\lambda$(nm)	0.181	0.136	0.121	0.116

【实验内容】

1. 实验准备

(1)按实验台上提供的系统连线示意图连接线路。

(2)检查连线、开关位置,并将接收器选择开关拨到"光电倍增管"。

(3)调节狭缝。先将入射狭缝和出射狭缝的宽度调整为 0.1 mm,实验时再根据光源情况调节狭缝宽度。

(4)接通光谱仪电源,启动计算机并打开光谱仪软件。

(5)进行系统初始化和参数设置。

2. 光谱仪波长校准

(1)汞灯预热 3～5 分钟,调节狭缝宽度,将汞灯置于入射狭缝处。

(2)测量汞灯光谱。通过"自动寻峰"功能检出汞灯谱线波长,以汞灯中波长为 546.07 nm 的汞绿线为参考,算出波长修正值,对光谱仪进行定标。

3. 氢、氘原子光谱测量

(1)将光源换成氢(氘)灯,调节狭缝宽度并设置好参数。

(2)单程扫描氢(氘)光谱,通过"自动寻峰"功能找出巴耳末系的前四条谱线并记录波长,保存谱图。

【注意事项】

(1)单程扫描过程中可能出现谱线能量超过最大值的情况,应记下此时谱线的波长范围,然后调整能量最大值和狭缝宽度,再对此波长范围重新定波长扫描,直到谱线最高峰不超过纵坐标的测量范围为止。然后再重新进行单程扫描,确保各条谱线最高点都不超过纵坐标最大值。

（2）禁止将光电倍增管等光电接收装置在通电情况下暴露于强光下。

（3）汞灯点亮后需预热 3～5 分钟再进行实验。

【实验数据记录与处理】

在软件系统中寻峰记录数据，处理后打印谱图，并将测得的谱线波长记录在下表中。

氢（H）			氘（D）		
符号	波长（nm）	对应主量子数 n	符号	波长（nm）	对应主量子数 n
λ_{H_α}		3	λ_{D_α}		3
λ_{H_β}		4	λ_{D_β}		4
λ_{H_γ}		5	λ_{D_γ}		5
λ_{H_δ}		6	λ_{D_δ}		6

数据处理如下：

（1）计算氢原子里德伯常量。

$$n=3 \text{ 时}, R_{H_\alpha}=\frac{1}{\lambda_{H_\alpha}\left(\dfrac{1}{2^2}-\dfrac{1}{3^2}\right)}=$$

$$n=4 \text{ 时}, R_{H_\beta}=\frac{1}{\lambda_{H_\beta}\left(\dfrac{1}{2^2}-\dfrac{1}{4^2}\right)}=$$

$$n=5 \text{ 时}, R_{H_\gamma}=\frac{1}{\lambda_{H_\gamma}\left(\dfrac{1}{2^2}-\dfrac{1}{5^2}\right)}=$$

$$n=6 \text{ 时}, R_{H_\delta}=\frac{1}{\lambda_{H_\delta}\left(\dfrac{1}{2^2}-\dfrac{1}{6^2}\right)}=$$

$$\overline{R}_H=\frac{1}{4}(R_{H_\alpha}+R_{H_\beta}+R_{H_\gamma}+R_{H_\delta})=$$

（2）计算里德伯常量 R_∞。

由 $R_H=\dfrac{R_\infty}{1+m_e/M_H}$（其中 $M_H/m_e=1836.1527$）得

$$R_\infty=R_H(1+m_e/M_H)=$$

(3)计算氘原子里德伯常量。

$$n=3 \text{ 时}, R_{D_\alpha} = \cfrac{1}{\lambda_{D_\alpha}\left(\cfrac{1}{2^2} - \cfrac{1}{3^2}\right)} =$$

$$n=4 \text{ 时}, R_{D_\beta} = \cfrac{1}{\lambda_{D_\beta}\left(\cfrac{1}{2^2} - \cfrac{1}{4^2}\right)} =$$

$$n=5 \text{ 时}, R_{D_\gamma} = \cfrac{1}{\lambda_{D_\gamma}\left(\cfrac{1}{2^2} - \cfrac{1}{5^2}\right)} =$$

$$n=6 \text{ 时}, R_{D_\delta} = \cfrac{1}{\lambda_{D_\delta}\left(\cfrac{1}{2^2} - \cfrac{1}{6^2}\right)} =$$

$$\overline{R}_D = \frac{1}{4}(R_{D_\alpha} + R_{D_\beta} + R_{D_\gamma} + R_{D_\delta}) =$$

(4)计算氢、氘原子核质量比。

$$\frac{M_D}{M_H} = \cfrac{\cfrac{\overline{R}_D}{\overline{R}_H}}{1 - \cfrac{M_H}{m_e}\left(\cfrac{\overline{R}_D}{\overline{R}_H} - 1\right)} =$$

【思考题】

(1)氢、氘原子光谱巴耳末系的系限波长如何计算？

(2)光谱仪狭缝宽度对分辨率和光谱能量有什么影响？

7.5　钠原子光谱

　　碱金属大多为+1价元素，包括 Li、Na、K、Rb、Cs、Fr 等，它们的物理性质、化学性质相似。碱金属原子的内层电子与原子核结合较为紧密，而价电子受原子核的束缚相对较弱。故碱金属原子可以看成是由原子核(Z 个质子)与内层 $Z-1$ 个电子组成的原子实和核外价电子组成的，类似于氢原子的结构模型。碱金属原子光谱和氢原子光谱相似，也可以归纳成一些谱线系列。碱金属原子光谱可以归纳为 4 个线系：主线系、第一辅线系(漫线系)、第二辅线系(锐线系)

和伯格曼线系(基线系)。

然而,由于原子实与价电子的相互作用,产生了量子亏损效应,使得碱金属原子与氢原子在能级方面存在差异。一方面,价电子会与原子实相互作用,引起原子实极化效应,导致能量降低;另一方面,价电子轨道穿越原子实发生轨道贯穿现象,在价电子进入原子实时,轨道内原子实的有效电荷大于$+e$,也会导致能量降低;这些现象在氢原子中不会出现,使得碱金属原子光谱与氢原子光谱存在差异。另外,电子自旋和轨道运动的相互作用引起能级分裂,导致碱金属原子谱线存在精细结构,而氢原子谱线不存在精细结构。

通过对元素的原子光谱进行研究,可以帮助了解原子内部结构,并加深对原子内部电子运动规律的理解。本实验以钠原子光谱为研究对象,通过光栅光谱仪观察谱线并进行相关物理量的测量。

【实验目的】

(1)拍摄钠原子光谱,了解钠原子光谱精细结构。

(2)测量波长,计算量子缺和钠原子若干激发态能级。

【实验仪器】

WGD-8/8A 型组合式多功能光栅光谱仪、钠光灯等。

【实验原理】

19 世纪末,科学家们对原子光谱进行了深入的研究。瑞典物理学家里德伯在综合实验结果和前人研究成果的基础上,提出用波数(波长倒数)来表示谱线的方法,并给出用两光谱项之差来表示谱线波数的经验公式(7-5-1),该公式在氢原子光谱中得到了很好的验证。

$$\tilde{\nu} = \frac{R}{n_1^2} - \frac{R}{n_2^2} \qquad (7-5-1)$$

式中,$\tilde{\nu}$ 为谱线的波数,n_1 和 n_2 为正整数,且 $n_2 > n_1$,R 为里德伯常量($R=1.0967758\times10^7$ m^{-1})。

以钠原子为例,钠原子共有 11 个电子,其中最外层的 1 个价电子受原子核的束缚力较弱,内层的 10 个电子受原子核束缚力较强。钠原子可以看成是由原子实和最外层 1 个价电子组成的类似于氢原子模型的结构,原子实由钠原子核与内层 10 个电子组成。然而,由于价电子的轨道并非是严格以原子核为圆心排列的同心圆,而是一个近似于圆的椭圆形轨道,有一部分会贯穿原子实,并且不同轨道在原子实中的贯穿程度不同,故价电子受到的作用强弱亦不同。由于轨道贯穿效应,原子实的平均有效电荷 $Z^* > 1$,使得原子能量降低。另外,价电子在不同轨道或在同一轨道的不同位置,其与原子实中正、负电荷的相互作用也不同,这导致原子实的正负电荷中心不再重合,形成一个等效的电偶极子,并且等效电偶极矩也随着价电子的运动而改变,这也使得钠原子能量降低。由于存在轨道贯穿效应和原子实极化效应,使得在主量子数相同的情况下,钠原子能量要小于氢原子能量,这造成钠原子光谱不同于氢原子光谱,钠原子的光谱项如式(7-5-2)所示。

$$T = \frac{RZ^{*2}}{n^2} = \frac{R}{n^{*2}} = \frac{R}{(n-\Delta)^2} \qquad (7\text{-}5\text{-}2)$$

式中,Z^* 为原子实平均有效电荷,$Z^* > 1$,使有效量子数 n^* 不是整数($n^* < n$),而是相当于主量子数 n 减去一个修正值 Δ。主量子数修正值 Δ 称为量子缺,量子缺体现了原子实极化效应和轨道贯穿效应对原子能量的影响,即原子实等效电偶极矩越大,轨道贯穿效应越显著,Δ 值越大。原子实极化效应和轨道贯穿效应与价电子轨道角动量量子数 l 有关,l 越小,价电子的椭圆轨道偏心率越大,原子实极化效应和轨道贯穿效应越显著,所以,Δ 值与角动量量子数 l 有关。另外,主量子数 n 越小,价电子越靠近原子实,使得原子实极化效应和轨道贯穿效应增强,故 Δ 值又与主量子数 n 有关。理论计算和实验观察显示,当 n 不是很大时,量子缺的大小主要取决于 l,随 n 的变化并不明显,所以实验中近似认为 Δ 与 n 无关。根据式(7-5-2)可以得到钠光谱的谱线波数表达式

$$\tilde{\nu}_n = \tilde{\nu}_\infty - \frac{R}{n^{*2}} \qquad (7\text{-}5\text{-}3)$$

当 n^* 无限大时,$\tilde{\nu}_n \to \tilde{\nu}_\infty$,$\tilde{\nu}_\infty$ 为线系限的波数。对于单个价电子的钠

原子,根据辐射跃迁的选择规则:$\Delta l = \pm 1$,$\Delta j = 0$ 或 ± 1,钠原子光谱可以分为四个谱线系。

(1)主线系,对应于 $n\text{P} \rightarrow 3\text{S}$ 跃迁,谱线波数表达式为式(7-5-4),n 取大于 2 的整数。该线系的谱线普遍较强,在可见光区只有一组双线结构的共振线,这就是为人们熟知的钠黄光,波长是 588.97 nm 和 589.61 nm。主线系的其他谱线都在紫外区域。

$$\tilde{\nu} = 3\text{S} - n\text{P} = \frac{R}{(3 - \Delta s)^2} - \frac{R}{(n - \Delta p)^2}(n \geqslant 3) \quad (7\text{-}5\text{-}4)$$

主线系的双线结构是由能级分裂所致的。由于电子轨道角动量和自旋角动量相互作用,使原子能量获得附加值,这个附加值除了与主量子数 n 和轨道角动量量子数 l 有关外,还与总角动量量子数 j 有关。总角动量量子数 j 的取值可以为 $l+s, l+s-1, \cdots, |l-s|$。电子自旋角动量量子数 $s = \frac{1}{2}$,所以总角动量量子数 $j = l \pm \frac{1}{2}$,$l \geqslant 1$,有两个取值,导致能级一分为二。$n\text{S}$ 轨道角动量量子数 $l=0$,总角动量量子数 $j = \frac{1}{2}$,所以能级不能分裂。$n\text{P}$ 轨道角动量量子数 $l=1$,总角动量量子数 $j = \frac{1}{2}$ 或 $\frac{3}{2}$,能级分裂为能量差很小的两个能级。主线系谱线对应跃迁的上能级为双能级,下能级为单能级,谱线形成双重线结构,如图 7-5-1 所示。

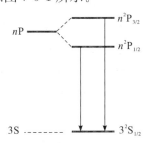

图 7-5-1 钠原子主线系谱线精细结构形成示意图

(2)第一辅线系,对应于 $n\text{D} \rightarrow 3\text{P}$ 跃迁,谱线波数表达式为式(7-5-5),n 取大于 2 的整数。第一辅线系中,第一组谱线在近红外区域,其余谱线都在可见区。该线系的谱线较粗,且边缘弥漫模糊,故又称漫线系。

$$\widetilde{\nu} = 3P - nD = \frac{R}{(3 - \Delta p)^2} - \frac{R}{(n - \Delta d)^2} \quad (n \geqslant 3) \quad (7\text{-}5\text{-}5)$$

漫线系谱线对应跃迁的上下能级均为分裂的双重能级,其谱线结构不同于主线系。受辐射跃迁的选择规则限制($\Delta j = 0$、± 1),每组谱线是由三根谱线组成的复双重线结构,如图 7-5-2 所示。复双重线结构中有一根谱线强度很弱,并与另一根谱线十分靠近,所以在分辨率不够高的仪器中,只能观察到两根谱线。

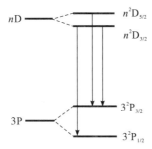

图 7-5-2 钠原子漫线系谱线精细结构形成示意图

(3)第二辅线系,对应于 $n\text{S} \rightarrow 3\text{P}$ 跃迁,谱线波数表达式为式(7-5-6),n 取大于 3 的整数。第二辅线系中第一组谱线在近红外区域,其余谱线都在可见区。该线系的谱线强度较弱,但谱线轮廓细锐、边缘清晰,故又称锐线系。

$$\widetilde{\nu} = 3P - nS = \frac{R}{(3 - \Delta p)^2} - \frac{R}{(n - \Delta s)^2} \quad (n \geqslant 4) \quad (7\text{-}5\text{-}6)$$

锐线系谱线对应的跃迁是从单能级的上能级跃迁至双能级的下能级,所以其谱线结构与主线系相同,也为双重谱线结构,如图 7-5-3 所示。

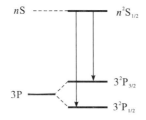

图 7-5-3 钠原子锐线系谱线精细结构形成示意图

(4)伯格曼线系,对应于 $n\text{F} \rightarrow 3\text{D}$ 跃迁,谱线波数表达式为式(7-5-7),n 取大于 3 的整数。伯格曼线系的谱线强度很弱,且所有谱线都在红外区域。

$$\tilde{\nu} = 3D - nF = \frac{R}{(3 - \Delta d)^2} - \frac{R}{(n - \Delta f)^2} \quad (n \geqslant 4) \quad (7\text{-}5\text{-}7)$$

伯格曼线系谱线对应跃迁的上下能级都是双能级,所以伯格曼线系谱线结构跟第一辅线系谱线结构类似,也是复双重线结构,谱线形成原理如图 7-5-4 所示。

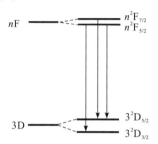

图 7-5-4　钠原子基线系谱线精细结构形成示意图

【实验内容】

(1)打开计算机和 WGD-8/8A 型组合式多功能光栅光谱仪电源。

(2)在计算机中打开实验软件,在选择接收器选项中选择"光电倍增管"。

(3)进入操作界面后,仪器自动检零,在操作界面左侧有"参数设置区",在"模式"一栏中选"能量","间隔"选"0.02 nm"或"0.025 nm"。

(4)在"工作范围"选"起始波长 200 nm""终止波长 800 nm","最大值"选"1000","最小值"选"0"。

(5)在"工作状态"中,"负高压"选"3","增益"选"3","采集次数"选"500"。

(6)参数设置完成后,将钠光源放置于光谱仪的入射狭缝处,用鼠标单击工具栏中的"单程"按钮,系统开始自动搜索,在屏幕上显示出各波长位置的能量分布图。

(7)在屏幕下方有"辅助工具栏",其中"⊕"为整体放大,"◀▶"为横向放大,"⊖"为整体缩小,"ℳ"为自动寻峰。

(8)修改当前波长选择工具栏"检索"按钮,在弹出的对话框中输入要显示的波长,点击"确定"。

(9)画出计算机中输出的原子光谱线并记下数值,标记出主线系在可见光区的第一条谱线。

(10)计算钠原子光谱主线系量子缺值。

【实验数据记录与处理】

将操作软件中寻峰记录的数据及谱线图导出打印。

1. 提取谱线信息

序号	谱线波长(nm)	光强	线系	能级跃迁

2. 计算主量子缺

用操作软件中记录的波长查表计算。

【思考题】

(1)如何进行自动寻峰和手动寻峰?

(2)如何计算钠原子光谱主线系量子缺值?

(3)钠原子光谱项中,量子缺产生的原因是什么? 它对钠原子能级有何影响?

(4)如何区分钠原子光谱的不同线系?

附　录

附录 A　中华人民共和国法定计量单位

　　我国的法定计量单位(简称"法定单位")包括:①国际单位制的基本单位(见 A-1);②国际单位制的辅助单位(见 A-2);③国际单位制中具有专门名称的导出单位(见 A-3);④国家选定的非国际单位制单位(见 A-4);⑤由以上单位构成的组合形式单位;⑥由词头和以上单位所构成的十进倍数和分数单位(词头见 A-5)。

A-1　国际单位制的基本单位

量的名称	单位名称	单位符号	量的名称	单位名称	单位符号
长度	米	m	热力学温度	开[尔文]	K
质量	千克(公斤)	kg	物质的量	摩[尔]	mol
时间	秒	s	发光强度	坎[德拉]	cd
电流	安[培]	A			

A-2　国际单位制的辅助单位

量的名称	单位名称	单位符号
平面角	弧度	rad
立体角	球面度	sr

A-3　国际单位制中具有专门名称的导出单位

量的名称	单位名称	单位符号	用SI基本单位的表示式	其他表示示例
频率	赫[兹]	Hz	s^{-1}	
力,重力	牛[顿]	N	$m \cdot kg \cdot s^{-2}$	
压力,压强,应力	帕[斯卡]	Pa	$m^{-1} \cdot kg \cdot s^{-2}$	N/m^2
能[量],功,热量	焦[耳]	J	$m^2 \cdot kg \cdot s^{-2}$	$N \cdot m$
功率,辐[射能]通量	瓦[特]	W	$m^2 \cdot kg \cdot s^{-3}$	J/s
电荷[量]	库[仑]	C	$s \cdot A$	
电位,电压,电动势(电势)	伏[特]	V	$m^2 \cdot kg \cdot s^{-3} \cdot A^{-1}$	W/A
电容	法[拉]	F	$m^{-2} \cdot kg^{-1} \cdot s^4 \cdot A^2$	C/V
电阻	欧[姆]	Ω	$m^2 \cdot kg \cdot s^{-3} \cdot A^{-2}$	V/A
电导	西[门子]	S	$m^{-2} \cdot kg^{-1} \cdot s^3 \cdot A^2$	A/V
磁[通量]	韦[伯]	Wb	$m^2 \cdot kg \cdot s^{-2} \cdot A^{-1}$	$V \cdot s$
磁[通量]密度,磁感应强度	特[斯拉]	T	$kg \cdot s^{-2} \cdot A^{-1}$	Wb/m^2
电感	亨[利]	H	$m^2 \cdot kg \cdot s^{-2} \cdot A^{-2}$	Wb/A
摄氏温度	摄氏度	℃	K	
光通量	流[明]	lm	$cd \cdot sr$	
[光]照度	勒[克斯]	lx	$m^{-2} \cdot cd \cdot sr$	lm/m^2
[放射性]活度	贝克[勒尔]	Bq	s^{-1}	
吸收剂量	戈[瑞]	Gy	$m^2 \cdot s^{-2}$	J/kg
剂量当量	希[沃特]	Sv	$m^2 \cdot s^{-2}$	J/kg

A-4　国家选定的非国际单位制单位

量的名称	单位名称	单位符号	换算关系和说明
时间	分	min	1 min=60s
	[小]时	h	1 h=60 min=3600 s
	天(日)	d	1 d=24 h=86400 s
[平面]角	[角]秒	(″)	$1''=(\pi/648000)$rad(π 为圆周率)
	[角]分	(′)	$1'=60''=(\pi/10800)$rad
	度	(°)	$1°=60'=(\pi/180)$rad
旋转速度	转每分	r/min	1 r/min=$(1/60)s^{-1}$
长度	海里	n mile	1 n mile=1852 m(只用于航程)
速度	节	kn	1 kn=1 n mile/h=(1852/3600)m/s(只用于航行)
质量	吨	t	1 t=10^3 kg
	原子质量单位	u	1 u≈$1.6605655×10^{-27}$ kg
体积,容积	升	L(l)	1 L=1 dm^3=$10^{-3}m^3$
能	电子伏	eV	1 eV≈$1.602189×10^{-19}$ J
级差	分贝	dB	
线密度	特[克斯]	tex	1 tex=10^{-6} kg/m

A－5　用于构成十进倍数和分数单位的词头

所表示的因数	词头名称	词头符号	所表示的因数	词头名称	词头符号
10^{24}	尧[它]	Y	10^{-1}	分	d
10^{21}	泽[它]	Z	10^{-2}	厘	c
10^{18}	艾[可萨]	E	10^{-3}	毫	m
10^{15}	拍[它]	P	10^{-6}	微	μ
10^{12}	太[拉]	T	10^{-9}	纳[诺]	n
10^{9}	吉[咖]	G	10^{-12}	皮[可]	p
10^{6}	兆	M	10^{-15}	飞[母托]	f
10^{3}	千	k	10^{-18}	阿[托]	a
10^{2}	百	h	10^{-21}	仄[普托]	z
10^{1}	十	da	10^{-24}	幺[科托]	y

注:①周、月、年(年的符号为 a)为一般常用时间单位。

②[ ]内的字,是在不致混淆的情况下可以省略的字。

③( )内的字为前者的同义语。

④平面角单位度、分、秒的符号,在组合单位中应采用(′)(″)的形式。例如,不用′/s 而用(′)/s。

⑤升的符号中,小写字母 l 为备用符号。

⑥r 为"转"的符号。

⑦人们在生活和贸易中,习惯将质量称为重量。

⑧公里为"千米"的俗称,符号为 km。

⑨$10^4$ 称为万,10^8 称为亿,10^{12} 称为万亿,这类数词的使用不受词头名称的影响,但不应与词头混淆。

附录 B　常用物理数据

B-1　基本物理常量

名称	符号、数值和单位
真空中的光速	$c=2.99792458\times10^8$ m/s
电子的电荷	$e=1.6021892\times10^{-19}$ C
普朗克常量	$h=6.626176\times10^{-34}$ J·s
阿伏伽德罗常量	$N_0=6.022045\times10^{23}$ mol^{-1}
原子质量单位	$u=1.6605655\times10^{-27}$ kg
电子的静止质量	$m_e=9.109534\times10^{-31}$ kg
电子的荷质比	$e/m_e=1.7588047\times10^{11}$ C/kg
法拉第常量	$F=9.648456\times10^4$ C/mol
氢原子的里德伯常量	$R_H=1.096776\times10^7$ m^{-1}
摩尔气体常量	$R=8.31441$ J/(mol·k)
玻尔兹曼常量	$k=1.380622\times10^{-23}$ J/K
洛施密特常量	$n=2.68719\times10^{25}$ m^{-3}
万有引力常量	$G=6.6720\times10^{-11}$ N·m^2/kg^2
标准大气压	$P_0=101325$ Pa
冰点的绝对温度	$T_0=273.15$ K
声音在空气中的速度(标准状态下)	$v=331.46$ m/s
干燥空气的密度(标准状态下)	$\rho_{空气}=1.293$ kg/m^3
水银的密度(标准状态下)	$\rho_{水银}=13595.04$ kg/m^3
理想气体的摩尔体积(标准状态下)	$V_m=22.41383\times10^{-3}$ m^3/mol
真空中介电常量(电容率)	$\varepsilon_0=8.854188\times10^{-12}$ F/m
真空中磁导率	$\mu_0=12.566371\times10^{-7}$ H/m
钠光谱中黄线的波长	$D=589.3\times10^{-9}$ m
镉光谱中红线的波长(15 ℃,101325 Pa)	$\lambda_{cd}=643.84696\times10^{-9}$ m

B-2　在20℃时固体和液体的密度

物质	密度（kg/m^3）	物质	密度（kg/m^3）
铝	2698.9	石英	2500～2800
铜	8960	水晶玻璃	2900～3000
铁	7874	冰(0 ℃)	880～920
银	10500	乙醇	789.4
金	19320	乙醚	714
钨	19300	汽车用汽油	720～720

续表

物质	密度（kg/m³）	物质	密度（kg/m³）
铂	21450	氟利昂-12	1329
铅	11350	变压器油	840～890
锡	7298	甘油	1260
水银	13546.2		
钢	7600～7900		

B-3　在标准大气压下不同温度时水的密度

温度 T(℃)	密度（kg/m³）	温度 T(℃)	密度（kg/m³）	温度 T(℃)	密度（kg/m³）
0	999.841	16	998.943	32	995.025
1	999.900	17	998.774	33	994.702
2	999.941	18	998.595	34	994.371
3	999.965	19	998.405	35	994.031
4	999.973	20	998.203	36	993.68
5	999.965	21	997.992	37	993.33
6	999.941	22	997.770	38	992.96
7	999.902	23	997.538	39	992.59
8	999.849	24	997.296	40	992.21
9	999.781	25	997.044	50	988.04
10	999.700	26	996.783	60	983.21
11	999.605	27	996.512	70	977.78
12	999.498	28	996.232	80	971.80
13	999.377	29	995.944	90	965.31
14	999.244	30	995.646	100	958.35
15	999.099	31	995.340		

B-4　在海平面上不同纬度处的重力加速度

纬度 φ(度)	g(m/s²)	纬度 φ(度)	g(m/s²)
0	9.78049	50	9.81079
5	9.78088	55	9.81515
10	9.78204	60	9.81924
15	9.78394	65	9.82294
20	9.78652	70	9.82614
25	9.78969	75	9.82873
30	9.78338	80	9.83065
35	9.79746	85	9.83182
40	9.80180	90	9.83221
45	9.80629		

注:表中所列数值是根据公式 $g=9.78049(1+0.005288\sin^2\varphi-0.000006\sin^2\varphi)$ 算出的,其中 φ 为纬度。

B-5 固体的线膨胀系数

物质	温度或温度范围(℃)	α ($\times10^{-6}℃^{-1}$)
铝	0～100	23.8
铜	0～100	17.1
铁	0～100	12.2
金	0～100	14.3
银	0～100	19.6
钢(0.05%碳)	0～100	12.0
康铜	0～100	15.2
铅	0～100	29.2
锌	0～100	32
铂	0～100	9.1
钨	0～100	4.5
石英玻璃	20～200	0.56
窗玻璃	20～200	9.5
花岗石	20	6～9
瓷器	20～700	3.4～4.1

B-6 在 20 ℃时某些金属的弹性模量(杨氏弹性模量)

金属	杨氏弹性模量 Y	
	(GPa)	(kgf/mm²)
铝	69～70	7000～7100
钨	407	41500
铁	186～206	19000～21000
铜	103～127	10500～13000
金	77	7900
银	69～80	7000～8200
锌	78	8000
镍	203	20500
铬	235～245	24000～25000
合金钢	206～216	21000～22000
碳钢	196～206	20000～21000
康铜	160	16300

注:杨氏弹性模量的值与材料的结构、化学成分及其加工制造方法有关。因此,在某些情况下,Y 的值可能与表中所列的平均值不同。

B－7－1　在 20 ℃时与空气接触的液体的表面张力系数

液体	（×10⁻³ N/m）	液体	σ（×10⁻³ N/m）
石油	30	甘油	63
煤油	24	水银	513
松节油	28.8	蓖麻	36.4
水	72.75	乙醇	22.0
肥皂溶液	40	乙醇（在 60 ℃时）	18.4
氟利昂-12	9.0	乙醇（在 0 ℃时）	24.1

B－7－2　在不同温度下与空气接触的水的表面张力系数

温度（℃）	（×10⁻³ N/m）	温度（℃）	（×10⁻³ N/m）	温度（℃）	（×10⁻³ N/m）
0	75.62	16	73.34	30	71.15
5	74.90	17	73.20	40	69.55
6	74.76	18	73.05	50	67.90
8	74.48	19	72.89	60	66.17
10	74.20	20	72.75	70	64.41
11	74.07	21	72.60	80	62.60
12	73.92	22	72.44	90	60.74
13	73.78	23	72.28	100	58.84
14	73.64	24	72.12		
15	73.48	25	71.96		

B－8－1　不同温度时水的黏滞系数

温度（℃）	黏滞系数		温度（℃）	黏滞系数	
	（μPa·s）	（×10⁻⁶ kgf·s/mm²）		（μPa·s）	（×10⁻⁶ kgf·s/mm²）
0	1787.8	182.3	60	469.7	47.9
10	1305.3	133.1	70	406.0	41.4
20	1004.2	102.4	80	355.0	36.2
30	801.2	81.7	90	314.8	32.1
40	653.1	66.6	100	282.5	28.8
50	549.2	56.0			

B－8－2　某些液体的黏滞系数

液体	温度(℃)	(μPa·s)	液体	温度(℃)	(μPa·s)
汽油	0	1788	甘油	-20	$134×10^6$
	18	530		0	$121×10^5$
甲醇	0	817		20	$1499×10^3$
	20	584		100	12945
乙醇乙醚	-20	2780	蜂蜜	20	$650×10^4$
	0	1780		80	$100×10^3$
变压器油	20	1190	鱼肝油	20	45600
	0	296		80	4600
蓖麻油	20	243	水银	-20	1855
葵花籽油	20	19800		0	1685
	10	$242×10^4$		20	1554
	20	50000		100	1224

B－9　蓖麻油黏度系数与温度的关系

$T/℃$	$\eta/Pa·s$	$T/℃$	$\eta/Pa·s$	$T/℃$	$\eta/Pa·s$	$T/℃$	$\eta/Pa·s$	$T/℃$	$\eta/Pa·s$
4.50	4.00	13.00	1.87	18.00	1.17	23.00	0.75	30.00	0.45
6.00	3.46	13.50	1.79	18.50	1.13	23.50	0.71	31.00	0.42
7.50	3.03	14.00	1.71	19.00	1.08	24.00	0.69	32.00	0.40
9.50	2.53	14.50	1.63	19.50	1.04	24.50	0.64	33.50	0.35
10.00	2.41	15.00	1.56	20.00	0.99	25.00	0.60	35.50	0.30
10.50	2.32	15.50	1.49	20.50	0.94	25.50	0.58	39.00	0.25
11.00	2.23	16.00	1.40	21.00	0.90	26.00	0.57	42.00	0.20
11.50	2.14	16.50	1.34	21.50	0.86	27.00	0.53	45.00	0.15
12.00	2.05	17.00	1.27	22.00	0.83	28.00	0.49	48.00	0.10
12.50	1.97	17.50	1.23	22.50	0.79	29.00	0.47	50.00	0.06

B－10　不同温度时干燥空气中的声速(单位:m/s)

温度(℃)	0	1	2	3	4	5	6	7	8	9
60	366.05	366.60	367.14	367.69	368.24	368.78	369.33	369.87	370.42	370.96
50	360.51	361.07	361.62	362.18	362.74	363.29	363.84	364.39	364.95	365.50
40	354.89	355.46	356.02	356.58	357.15	357.71	358.27	358.83	359.39	359.95
30	349.18	349.75	350.33	350.90	351.47	352.04	352.62	353.19	353.75	354.32
20	343.37	343.95	344.54	345.12	345.70	346.29	346.87	347.44	348.02	348.60
10	337.46	338.06	338.65	339.25	339.84	340.43	341.02	341.61	342.20	342.58
0	331.45	332.06	332.66	333.27	333.87	334.47	335.07	335.67	336.27	336.87
-10	325.33	324.71	324.09	323.47	322.84	322.22	321.60	320.97	320.34	319.52
-20	319.09	318.45	317.82	317.19	316.55	315.92	315.28	314.64	314.00	313.36
-30	312.72	312.08	311.43	310.78	310.14	309.49	308.84	308.19	307.53	306.88
-40	306.22	305.56	304.91	304.25	303.58	302.92	302.26	301.59	300.92	300.25
-50	299.58	298.91	298.24	397.56	296.89	296.21	295.53	294.85	294.16	293.48
-60	292.79	292.11	291.42	290.73	290.03	289.34	288.64	287.95	287.25	286.55
-70	285.84	285.14	284.43	283.73	283.02	282.30	281.59	280.88	280.16	279.44
-80	278.72	278.00	277.27	276.55	275.82	275.09	274.36	273.62	272.89	272.15
-90	271.41	270.67	269.92	269.18	268.43	267.68	266.93	266.17	265.42	264.66

B–11　固体导热系数 λ

物质	温度(K)	(×10² W/m·K)	物质	温度(K)	(×10² W/m·K)
银	273	4.18	康铜	273	0.22
铝	273	2.38	不锈钢	273	0.14
金	273	3.11	镍铬合金	273	0.11
铜	273	4.0	软木	273	0.3×10⁻³
铁	273	0.82	橡胶	298	1.6×10⁻³
黄铜	273	1.2	玻璃纤维	323	0.4×10⁻³

B–12–1　某些固体的比热容

固体	比热容(J·kg⁻¹·K⁻¹)	固体	比热容(J·kg⁻¹·K⁻¹)
铝	908	铁	460
黄铜	389	钢	450
铜	385	玻璃	670
康铜	420	冰	2090

B–12–2　某些液体的比热容

液体	比热容 (J·kg⁻¹·K⁻¹)	温度(℃)	液体	比热容 (J·kg⁻¹·K⁻¹)	温度(℃)
乙醇	2300	0	水银	146.5	0
	2470	20		139.3	20

B–12–3　不同温度时水的比热容

温度(℃)	0	5	10	15	20	25	30	40	50	60	70	80	90	99
比热容 (J·kg⁻¹·K⁻¹)	4217	4202	4192	4186	4182	4179	4178	4178	4180	4184	4189	4196	4205	4215

B–13　某些金属和合金的电阻率及其温度系数

金属或合金	电阻率 (×10⁻⁶ Ω·m)	温度系数 (℃⁻¹)	金属或合金	电阻率 (×10⁻⁶ Ω·m)	温度系数 (℃⁻¹)
铝	0.028	42×10⁻⁴	水银	0.958	10×10⁻⁴
铜	0.0172	43×10⁻⁴	伍德合金	0.52	37×10⁻⁴
银	0.016	40×10⁻⁴	钢(0.10~	0.10~0.14	6×10⁻³
金	0.024	40×10⁻⁴	0.15%碳)		
铁	0.098	60×10⁻⁴	康铜	0.47~0.51	(−0.04~+
铅	0.205	37×10⁻⁴			0.01)×10⁻³
铂	0.105	39×10⁻⁴	铜锰镍合金	0.34~1.00	(−0.03~+
钨	0.055	48×10⁻⁴			0.02)×10⁻³
锌	0.059	42×10⁻⁴	镍铬合金	0.98~1.10	(0.03~0.4)×10⁻³
锡	0.12	44×10⁻⁴			

注:电阻率与金属中的杂质有关,因此表中列出的只是 20 ℃时电阻率的平均值。

253

B-14-1 不同金属或合金与铂(化学纯)构成热电偶的热电动势

(热端在 100 ℃,冷端在 0 ℃时)①

金属或合金	热电动势 (mV)	连续使用温度 (℃)	短时使用最高温度 (℃)
95%Ni+5%(Al,Si,Mn)	−1.38	1000	1250
钨	+0.79	2000	2500
手工制造的铁	+1.87	600	800
康铜(60%Cu+40%Ni)	−3.5	600	800
56%Cu+44%Ni	−4.0	600	800
制导线用铜	+0.75	350	500
镍	−1.5	1000	1100
80%Ni+20%Cr	+2.5	1000	1100
90%Ni+10%Cr	+2.71	1000	1250
90%Pt+10%Ir	+1.3	1000	1200
90%Pt+10%Rh	+0.64	1300	1600
银	+0.72②	600	700

注:①表中的"+"或"−"表示该电极与铂组成热电偶时其热电动势的正负。当热电动势为正时,在处于 0 ℃的热电偶一端电流由金属(或合金)流向铂。

②为了确定用表中所列任何两种材料构成的热电偶的热电动势,应当取这两种材料的热电动势的差值。例如,铜、康铜热电偶的热电动势等于+0.75−(−3.5)=4.25(mV)。

B-14-2 几种标准温差电偶

名称	分度号	100 ℃时的 电动势(mV)	使用温度 范围(℃)
铜-康铜(Cu55Ni45)	CK	4.26	−200~300
镍铬(Cr9~10Si0.4Ni90)-康铜 (Cu56~57Ni43~44)	EA-2	6.95	−200~800
镍铬(Cr9~10Si0.4Ni90)-镍硅 (Si2.5~3Co<0.6Ni97)	EV-2	4.10	1200
铂铑(Pt90Rh10)-铂	LB-3	0.643	1600
铂铑(Pt70Rh30)-铂铑(Pt94Rh6)	LL-2	0.034	1800

B－14－3　铜-康铜热电偶的温差电动势(自由端温度 0 ℃)(单位:mV)

康铜的温度	铜的温度(℃)										
	0	10	20	30	40	50	60	70	80	90	100
0	0.000	0.389	0.787	1.194	1.610	2.035	2.468	2.909	3.357	3.813	4.277
100	4.227	4.749	5.227	5.712	6.204	6.702	7.207	7.719	8.236	8.759	9.288
200	9.288	9.823	10.363	10.909	11.459	12.014	12.575	13.140	13.710	14.285	14.864
300	14.864	15.448	16.035	16.627	17.222	17.821	18.424	19.031	19.642	20.256	20.873

B－15　在常温下某些物质相对于空气的光的折射率

物质	Hα线(656.3 nm)	D线(589.3 nm)	Hβ线(486.1 nm)
水(18℃)	1.3314	1.3332	1.3373
乙醇(18℃)	1.3609	1.3625	1.3665
二硫化碳(18℃)	1.6199	1.6291	1.6541
冕玻璃(轻)	1.5127	1.5153	1.5214
冕玻璃(重)	1.6126	1.6152	1.6213
燧石玻璃(轻)	1.6038	1.6085	1.6200
燧石玻璃(重)	1.7434	1.7515	1.7723
方解石(寻常光)	1.6545	1.6585	1.6679
方解石(非常光)	1.4846	1.4864	1.4908
水晶(寻常光)	1.5418	1.5442	1.5496
水晶(非常光)	1.5509	1.5533	1.5589

B－16　常用光源的谱线波长(单位:nm)

一、H(氢)	447.15 蓝	589.592(D₁)黄
656.28 红	402.62 蓝紫	588.995(D₂)黄
486.13 绿蓝	388.87 蓝紫	五、Hg(汞)
434.05 蓝	三、Ne(氖)	623.44 橙
410.17 蓝紫	650.65 红	579.07 黄
397.01 蓝紫	640.23 橙	576.96 黄
二、He(氦)	638.30 橙	546.07 绿
706.52 红	626.25 橙	491.60 绿蓝
667.82 红	621.73 橙	435.83 蓝
587.56(D₃)黄	614.31 橙	407.78 蓝紫
501.57 绿	588.19 黄	404.66 蓝紫
492.19 绿蓝	585.25 黄	六、He-Ne 激光
471.31 蓝	四、Na(钠)	632.8 橙

附录 C 常用电气测量指示仪表和附件的符号

C-1 测量单位及功率因数的符号

名称	符号	名称	符号
千安	kA	兆欧	MΩ
安培	A	千欧	kΩ
毫安	mA	欧姆	Ω
微安	μA	毫欧	mΩ
千伏	kV	微欧	μΩ
伏特	V	相位角	φ
毫伏	mV	功率因数	$\cos\varphi$
微伏	μV	无功功率因数	$\sin\varphi$
兆瓦	MW	库仑	C
千瓦	kW	毫韦伯	mWb
瓦特	W	毫特斯拉	mT
兆乏	Mvar	微法	μF
千乏	kvar	皮法	pF
乏	var	亨利	H
兆赫	MHz	毫亨	mH
千赫	kHz	微亨	μH
赫兹	Hz	摄氏度	℃
太欧	TΩ		

C-2 仪表工作原理的图形符号

名称	符号	名称	符号
磁电系仪表		电动系比率表	
磁电系比率表		铁磁电动系仪表	
电磁系仪表		铁磁电动系比率表	
电磁系比率表		感应系仪表	

续表

名称	符号	名称	符号
电动系仪表		静电系仪表	
整流系仪表（带半导体整流器和磁电系测量机构）		热电系仪表（带接触式热变换器和磁电系测量机构）	

C-3　电流种类的符号

名称	符号
直流	——
交流（单相）	∼
直流和交流	≈
具有单元件的三相平衡负载交流	≋

C-4　准确度等级的符号

名称	符号
以标度尺量限百分数表示的准确度等级，例如1.5级	1.5
以标度尺长度百分数表示的准确度等级，例如1.5级	1.5
以指示值的百分数表示的准确度等级，例如1.5级	1.5

C-5　工作位置的符号

名称	符号
标度尺位置为垂直的	⊥
标度尺位置为水平的	
标度尺位置与水平面倾斜成一角度，例为60°	∠60°

C-6　绝缘强度的符号

名称	符号
不进行绝缘强度试验	☆0
绝缘强度试验电压为2 kV	☆2

C-7　端钮、调零器的符号

名称	符号
负端钮	—
正端钮	+
公共端钮（多量限仪表和复用电表）	✕
接地用的端钮（螺钉或螺杆）	⏚
与外壳相连接的端钮	
调零器	

C-8　按外界条件分组的符号

名称	符号	
Ⅰ级防外磁场（如磁电系）		
Ⅰ级防外磁场（如静电系）		
Ⅱ级防外磁场及电场	Ⅱ	Ⅱ
Ⅲ级防外磁场及电场	Ⅲ	Ⅲ
Ⅳ级防外磁场及电场	Ⅳ	Ⅳ

参考文献

[1] 李平. 大学物理实验[M]. 北京:高等教育出版社,2004.

[2] 陶灵平. 大学物理实验[M]. 合肥:安徽大学出版社,2020.

[3] 杨述武,孙迎春,沈国土,等. 普通物理实验[M]. 5 版. 北京:高等教育出版社,2016.

[4]《大学物理实验》编写组. 大学物理实验教程[M]. 北京:北京邮电大学出版社,2019.

[5] 王九云,邓文武,阮诗森. 大学物理实验[M]. 西安:西北工业大学出版社,2021.

[6] 吴泳华,霍剑青,浦其荣. 大学物理实验[M]. 2 版. 北京:高等教育出版社,2005.

[7] 王振彪,刘虎,郑乔. 大学物理实验[M]. 北京:中国铁道出版社,2009.

[8] 刘振飞,童明微. 大学物理实验[M]. 重庆:重庆大学出版社,1992.

[9] 唐贵平,何兴,范志强. 大学物理实验[M]. 北京:科学出版社,2015.

[10] 陈玉林,李传起. 大学物理实验[M]. 北京:科学出版社,2007.

[11] 徐建强,韩广兵. 大学物理实验[M]. 3 版. 北京:科学出版社,2020.

[12] 丁益民,徐杨子. 大学物理实验(基础与综合部分)[M]. 北京:科学出版社,2008.

[13] 周殿清. 大学物理实验[M]. 武汉:武汉大学出版社,2002.

［14］吴俊林,刘志存.大学物理实验[M].西安:陕西师范大学出版社,2007.

［15］张志东,魏怀鹏,展永.大学物理实验[M].2版.北京:科学出版社,2007.

［16］杨瑛.大学物理实验教程[M].北京:北京邮电大学出版社,2015.

［17］胡平亚.大学物理实验教程:基础物理实验[M].长沙:湖南师范大学出版社,2008.

［18］夏云波.大学物理实验[M].北京:机械工业出版社,2013.

［19］唐文强,韦名德,杨端翠.大学物理实验[M].北京:北京理工大学出版社,2007.

［20］吴思诚,王祖铨.近代物理实验[M].3版.北京:高等教育出版社,2005.

［21］刘向明,韩延鸿,谢康新.普通物理学[M].北京:人民邮电出版社,2003.

［22］许永红.大学物理实验教程[M].3版.合肥:安徽大学出版社,2019.